POLLEN
나를 괴롭히는 꽃
ALLERGY
꽃가루 알레르기 도감
IN KOREA

POLLEN

나를 괴롭히는 꽃

ALLERGY

꽃가루 알레르기 도감

IN KOREA

서정혁 지음 ｜ **국립세종수목원** 감수

동아일보사

책을 내면서

어느 날 산책을 하다가 문득 이름도 모르는 활짝 핀 꽃에 눈길을 빼앗겼다.매년 흔히 보던 꽃인데 나이가 50이 넘도록 세상을 살면서도 주변에서 흔히 보는 꽃도 무슨 꽃인지 모르는 나 자신을 보면서, 내가 이렇게 주변 환경에 무관심하게 살아왔구나 하는 탄식이 절로 나왔다. 스스로 부끄러운 생각에 그 후로 카메라를 들고 사진을 찍으면서 식물 공부를 하기 시작하였다.

또한, 그동안 병원 근무를 하면서 장기간 지속적으로 꽃가루 알레르기 검사를 시행하여왔는데 한 번도 본 기억이 없는 식물들이 많았다. 개암나무, 피나무, 딱총나무, 왕포아풀, 오리새, 소리쟁이, 창질경이, 큰조아재비… 그러면서 이러한 식물들의 꽃이 어떻게 생겼는지 항상 궁금했었다.

이러다 보니 설령 이름을 좀 들어본 식물이라 하여도 그러한 식물들이 주변에 얼마나 많이 분포하고, 어떤 특성이 있는지 잘 알지를 못하여 환자에게 자신감을 가지고 구체적으로 설명할 수가 없었다.

이러한 상황에서 수년간 식물 사진 촬영을 하고, 이름에 따라 식물을 분류하고, 계절별로 꽃이 피는 식물을 분류하기를 반복하여 꽃가루 알레르기 검사를 하는 식물에 조금씩 익숙해질 무렵, 이런 각각의 식물이 실제로 알레르기 환자한테 얼마나 많은 영향을 주었는지 궁금해지기 시작하였다. 다행히 필자는 이비인후과 의원을 개원하여 20여 년 동안 비염 환자를 대상으로 알레르기 피부반응검사를 해왔기에 그동안의 자료를 통계분석하여 그 결과를 직접 비교·확인할 수 있었다.

이 책은 이렇게 꽃가루 알레르기 질환을 유발하는 식물을 촬영한 사진을 엮어서 만든 '꽃가루 알레르기 도감용 서적'으로 식물의 형태, 꽃의 모양, 꽃이 피는 시기 등 꽃가루 알레르기 검사를 하는 식물에 대한 기초적인 정보와, 비염 증세로 필자의 병원을 방문한 환자들의 알레르기 검사 결과를 비교하면서 각각의 식물이 얼마나 알레르기 질환 유발에 영향을 주는지 생각할 수 있게 정리하였다.

또한, 직접적으로 알레르기 검사를 하지 않지만 식물의 계통분류에서 알레르기 유발 식물과 가까워 교차반응 가능성이 있는 식물과, 주변에서 흔히 볼 수 있는 관상용 화초와 야생화 등의 식물에 대한 내용도 첨가하여 우리가 생활하는 주변의 식물에 대한 상식을 넓힐 수 있게 하려고 노력하였다.

그러나 막상 책으로 내기 위해 그동안 수년간 촬영한 것을 정리하고 관련 자료를 찾다 보니 한순간 한순간이 아쉽고 부족한 점이 너무 많다는 것을 새삼 느끼게 되었다. 부족한 면에 대하여는 독자분들의 따끔한 질책을 받으면서 좀 더 노력하고 배우는 자세로 연구하며 지속적으로 보충하고 보완하여나갈 방향임을 다짐해본다. 아무쪼록 이 책이 부족하나마 꽃가루 알레르기 질환을 앓고 있는 환자분들과 치료를 담당하시는 의사 선생님들께 조금이라도 보탬이 되었으면 하는 바람이다.

마지막으로 이 책에 수록된 식물의 동정과 전반적인 내용에 대하여 감수를 맡아 수고해주신 국립세종수목원 온대중부식물 보전실의 남재익 팀장님, 김혜원 님, 옥민경 님 그리고 여러 모로 도움을 주신 배기화 실장님께 감사드립니다. 또한 사진 촬영의 길잡이가 되어주고 책이 세상에 나오기까지 많은 도움을 준 필자의 오랜 친구 김형우(동아일보)님과 동아일보사 출판부에 고마운 마음을 표합니다. 그리고 통계분석 및 알레르기 자료 정리에 많은 도움을 준 직원들과 우리 아이들에게도 감사의 마음을 전하며, 수년간 사진 촬영을 할 때마다 나와 함께 전국을 다니면서 벗이 되어준 아내에게 이 자리를 빌려 사랑하는 마음을 전합니다.

2021년 4월 서정혁

추천사

먼저 국내에서 보기 드문 꽃가루 알레르기 도감용 서적이 나오게 된 것을 진심으로 축하합니다.

이 책을 쓴 서정혁 작가는 대학 동창으로 수십 년 전 의과대학 학창시절부터 해부학, 생리학, 생화학 등 실습을 같이하면서 함께 고생하고 공부하며 웃고 하던 대학 친구입니다.

수년 전부터 의과대학 동기생들의 온라인 커뮤니티가 있어 매일 이런저런 일상의 이야기와 좋은 글들이 올라오는데 유독 이 친구는 여러 식물과 꽃 사진, 새 사진 등 동식물 사진을 직접 찍어 올려서, 아하! 이 친구는 사진 찍는 취미가 있구나 하고 생각하였는데, 몇 년 전부터 꽃 사진 전시회를 한다고 하여 동창생들과 찾아가 축하해준 적이 있습니다. 이 책은 바로 그 친구가 펴낸 책으로, 이비인후과 의사이면서 꽃과 식물을 카메라 앵글로 담아내는 아마추어 사진작가이기도 한 그가 평소 취미인 사진과 전공 분야인 알레르기 질환 연구를 멋지게 조합하여 여러 사람에게 유익한 책으로 만들어냈습니다.

나는 어릴 때부터 두드러기가 자주 일어나서 가족들이 나를 '두드러기 박사'라고 부를 정도였다. 특히 복숭아를 먹으면 백발백중 두드러기 증세가 발생하였고 살구, 자두, 앵두 등 씨가 하나 있는 과일을 먹으면 두드러기가 난다는 사실을 어릴 때부터 경험으로 알게 되었다.

어른이 되어서도 두드러기 증세와 비염이 자주 일어나서 알레르기 반응검사를 받아보니 60여 개 항목 중에 많은 항원에 대하여 양성반응이 나타났다. 그중에는 강아지, 땅콩, 달걀과 복숭아를 포함한 몇 개 과일은 우리가 보면 바로 알 수 있는 것들이지만 자작나무, 오리나무, 포플러, 돼지풀, 명아주 등 우리가 잘 모르거나 막연히 들어본 식물들이 대부분이어서 검사를 해도 어떻게 생긴 식물인지, 주변에 얼마나 있는지, 꽃가루는 언제 날리는지 등을 정확히 모르니 어떻게 조심할 수 있을까 하는 의문이 들었다.

그런데 이 친구가 이번에 꽃가루 알레르기에 관한 도감용 책을 만들어, 그 내용을 보니 알레르기 반응검사 항목에 있는 식물뿐만 아니라 서로 연관되는 식물까지 본인이 직접 촬영한 사진과 함께 상세하게 설명해놓았다. 알레르기 비염을 일으키는 식물이 어떻게 생겼는지, 꽃 모양은 어떻고, 언제 피는지 등이 사진과 함께 자세히 설명되어 있어서 그동안 궁금했던 것들을 한눈에 확인할 수 있다. '적을 알고 나를 알면 백전백승'이듯 알레르기 질환으로 고생하는 많은 사람에게 큰 도움이 되리라 생각된다. 또한, 일반적인 식물도감으로도 아주 아름다운 사진 작품 같은 느낌도 든다.

직접 사진을 찍느라 전국 방방곡곡을 돌아다니면서 이를 본인이 전공한 알레르기 전공 분야와 접목하여, 이렇게 훌륭한 꽃가루 알레르기 도감이 나오게 된 것을 진심으로 축하합니다. 이 책이 여러 알레르기 질환을 앓고 있는 환자와 이를 연구하는 분들께 많은 도움이 되기를 바라면서 다시 한 번 이런 유익한 도감을 펴낸 친구의 노력에 박수를 보냅니다.

동수원병원 이사장 변영훈

이 책의 특징

1. 이 책에는 현재 병원에서 꽃가루 알레르기 검사를 하는 식물 위주로 꽃의 모습을 포함한 식물의 특징적 모습과 아름다운 모습에 중점을 두고 촬영한 사진을 실었다.

2. 꽃가루 알레르기 반응이 식물의 계통분류에 따라 상호 교차반응을 하는 경우가 많으므로 비록 꽃가루 알레르기 검사를 하지 않는 식물이라도 식물의 계통분류에서 가까이 연관된 식물과 직접적으로 알레르기 검사를 하지는 않아도 주변에서 관상용으로 키우는 식물들에 대한 내용도 담아서, 독자로 하여금 아름다움을 느끼고 식물을 사랑하는 마음이 들게끔 하려고 노력하였다.

3. 책에 수록된 식물의 동정에 참고가 되는 형태적 특성에 대한 내용은 〈국가생물다양성 정보공유체계〉, 〈국립생물자원관, 국가생물종정보관리체계구축(2016)〉, 〈국립생물자원관, 한반도생물자원포털〉에 나온 내용을 편집하여 서술하였다.

4. 책의 편집에 있어서 수목화분, 목초(벼과)화분, 잡초화분으로 구분하였으나 이는 의료기관에서 알레르기 검사를 하고 환자에게 설명할 때 흔히 구분하는 방식으로, 식물의 학문적 분류체계와는 다를 수 있다.

5. 식물 이름은 될 수 있는 대로 우리나라 국명과 전 세계 공통어로 유일한 학명(scientific name)을 함께 실어 한 종류의 식물을 여러 가지 서로 다른 명칭으로 부르는 혼동을 피하려고 노력하였다. 학명의 표기는 종과 속의 이름으로 구성된 이명법(binomial nomenclature)을 사용하였다. 그리고 병원에서 알레르기 검사를 하는 식물은 항원에 표시된 영문 표기를 첨가하였다.

6. 학명의 발음 표기는 참고용으로, 영어사전의 독음을 참고하여 표기한 것이다.

7. 책에 게재된 식물의 사진은 가능하면 수목원 등에서 이름표가 붙은 식물을 관찰하여 촬영한 것들과 수목원에서 확인하지 못한 식물은 필자가 현장에서 직접 관찰하여 촬영한 식물이다.

8. 책에 수록된 알레르기 검사 양성률은 대체로 필자가 진료를 담당하였던 이비인후과 의원에서 2008년부터 2015년까지 비염 증세로 내원한 환자 중 알레르기 검사를 시행한 3,423명의 환자 결과를 통계분석한 자료를 기준으로 첨부하였다. 이는 타 연구기관에서 통계를 낸 자료와 약간의 차이가 있을 수 있다.

9. 이 책의 부록에는 〈알레르기 비염 환자의 피부단자검사에서 통계학적 분석을 통한 교차반응에 대한 연구〉를 수록하여 알레르기 피부반응검사 결과 나타난 여러 종류의 꽃가루항원에 대한 결과를 바탕으로 상호 연관성을 통계분석하였으며, 이는 그동안의 실험실에서 하던 교차반응에 대한 연구방식(ELISA or immunoblotting)이 아닌 동시양성률, 조건부양성률, 상관관계(correlation coefficient)를 분석하여 교차반응에 관한 연관성을 통계분석한 연구이다.

10. 책의 감수는 〈국립세종수목원 온대중부식물 보전실〉에서 하였다.

· 영문 표기는 알레르기 검사 항원명

PART 1.
Tree Pollen

수목화분 014

PART 2.
Grasses

PART 3.
Asteraceae / Weeds

PART 01
Tree pollen

수목화분(Tree pollen)

우리나라 병원에서 시행하는 알레르기 검사 중 나무에서 떨어지는 꽃가루 즉 수목(樹木) 화분에 대한 알레르기 검사 항목으로는 대체로 오리나무(alder), 개암나무(hazel), 포플러(poplar), 느릅나무(elm), 버드나무(willow), 자작나무(birch), 너도밤나무(beech), 참나무(oak), 플라타너스(plane tree), 아까시나무(black locust), 물푸레나무(ash), 단풍나무(maple), 딱총나무(elder), 피나무(linden), 소나무(pine), 은행나무(Ginkgo), 삼나무(Japanese cedar) 등을 주요 항원으로 검사한다.

이들 중에는 오리나무, 포플러, 버드나무, 참나무, 플라타너스, 아까시나무, 단풍나무, 소나무, 은행나무 등과 같이 우리나라 전역에서 흔하게 볼 수 있는 나무도 있고, 느릅나무, 자작나무, 너도밤나무, 딱총나무, 피나무, 삼나무 등과 같이 익숙하지 않거나 지역에 따라서 흔히 볼 수 없는 나무들도 많이 있다.

그런데 실제로 병원에서 꽃가루 알레르기 검사를 해보면 너도밤나무같이 주변에서 흔히 볼 수 없는 식물에 대하여도 꽃가루 알레르기 양성반응이 높게 나오는 경우가 종종 있고, 또한 꽃가루 알레르기 양성반응이 한 가지 이상 여러 종류에서 동시에 나오는 경우도 많다.

이러한 현상은 종종 교차반응의 영향으로 설명되는데 이러한 교차반응은 식물의 계통분류상 동일 계통 및 가까이 분류되는 식물에서 교차반응이 많이 일어나는 것으로 알려져 있어, 식물을 계통분류에 따라 살펴보는 것은 알레르기 검사 결과를 이해하고 판독하는 데 많은 도움이 되리라 생각된다. 그리하여 이 책에서는 수목화분에 있어서 알레르기 검사를 하는 특정 식물뿐만 아니라 식물분류상 같은 속(Genus)에 포함된 식물에 대하여도 관찰하여 수록하려고 노력하였다.

또한, 평소 주변을 관찰하여 흔히 발견되는 식물을 확인하는 것은 알레르기 검사에서 여러 가지 꽃가루에 양성반응이 나타났을 경우 그 검사 결과를 경중을 고려하여 환자에게 설명하는 데 많은 도움을 줄 수 있게 해준다.

　　통계적으로 꽃가루 알레르기 반응의 양성률은 보고하는 연구기관에 따라서 차이가 있는 경우가 종종 있는데 꽃가루 알레르기 양성률에 영향을 주는 변수에는 환자의 거주지역에 따라 식물의 분포에 많은 차이가 있을 뿐만 아니라, 검사하는 의료기관의 종별에 따라 소아과, 내과, 이비인후과 등 진료과의 특성이 다르면 환자의 주요 증세와 연령에 차이가 생긴다. 이러한 여러 변수에 따라 환자의 모집단이 달라지고 알레르기 양성률에도 차이가 발생하는 경우가 많으므로 단순히 알레르기 양성률(%) 수치를 비교하는 것은 큰 의미가 없어 보인다. 그러한 맥락에서 이 책의 본문에서는 다른 의료기관의 알레르기 검사 결과를 수록하기보다는 대체로 필자가 진료한 환자를 대상으로 실시한 2008년부터 2015년까지 8년간 3,423명의 비염 환자의 알레르기 피부반응검사 결과를 삽입하였다. 이 결과는 타 연구기관의 결과와 약간의 차이가 있는 경우도 있지만, 전체적으로 꽃가루 알레르기를 일으키는 주요 항원에 대한 중요도 흐름에 있어서는 큰 차이가 없는 것을 이 책의 부록에 수록한 필자의 〈알레르기 비염 환자의 피부단자검사에서 통계학적 분석을 통한 교차반응에 대한 연구〉를 통하여 확인할 수 있었다.

01

자작나무과 Betulaceae

The birch family

우리나라에는 자작나무과에 오리나무속(*Alnus*), 자작나무속
(*Betula*), 서어나무속(*Carpinus*), 개암나무속(*Corylus*), 새우나무속
(*Ostrya*) 등이 있으며 우리나라에 대표적인 수종은 다음과 같다.

오리나무속 *Alnus* : 오리나무, 물오리나무, 사방오리, 두메오리나무 등 15종
자작나무속 *Betula* : 자작나무, 박달나무, 물박달나무, 사스래나무, 거제수나무 등 9종
서어나무속 *Carpinus* : 서어나무, 소사나무, 까치박달 등 7종
개암나무속 *Corylus* : 개암나무 등 5종
새우나무속 *Ostrya* : 새우나무 1종

오리나무속 〉 오리나무 꽃 촬영 3월 11일   개암나무속 〉 개암나무 꽃 촬영 3월 14일

자작나무속 〉 자작나무 꽃 촬영 4월 8일   서어나무속 〉 서어나무 꽃 촬영 4월 12일

우리나라에서 자작나무과 식물 중 꽃가루 알레르기 검사를 하는 나무로는 대체로 자작나무, 오리나무, 개암나무를 들 수 있고 이들 3종류의 항원에 대하여 검사를 시행한다.

그런데 이 3종류 항원 중에서 주변에서 흔히 볼 수 있는 나무는 (물)오리나무이다. (물)오리나무는 전국의 산지에서 흔히 볼 수 있으나, 자작나무는 북쪽 추운 지방에 자생하는 나무로 우리나라 남한 지역에서는 자생하지는 못하고 주로 조경용이나 관상용으로 심어놓은 것이며, 개암나무는 산에서 드물게 눈에 띈다.

그러나 꽃가루 알레르기 검사에 사용하는 항원은 식물을 각각의 종(species)을 구별하여 검사하기보다는 대체로 상위 분류단계인 속(Genus)의 범주에서 시행하는 경우가 많고, 알레르기 검사 항원에 표시된 명칭도 종을 구분하는 학명보다는 대체로 속에 대한 일반명으로 표기되어 있는 경우가 많다.

그러므로 자작나무, 오리나무, 개암나무 3종류의 항원에 대한 검사도 자작나무속(birch), 오리나무속(alder), 개암나무속(hazel)에 대한 알레르기 반응으로 이해하여야 할 것으로 보인다.

오리나무속
Alnus 아너스

자작나무과 Betulaceae 오리나무속 *Alnus*

오리나무를 영어로 'alder'라고 하는데 이는 오리나무속 나무를 통칭하는 용어이다. 우리나라에는 오리나무속(*Alnus*)에 대표적으로 오리나무(*A. japonica*), 물오리나무(*A. sibirica*), 사방오리(*A. firma*), 두메오리나무(*A. maximowiczii*) 등 15종이 등록되어 있다.

물오리나무 꽃 핀 모습 촬영 3월 5일 남한산성 둘레길
오리나무 꽃은 풍매화이고, 꽃잎과 꽃받침이 발달하지 않아 나뭇가지에 길게 매달린 꽃을 꽃으로 알아보지 못하는 사람들이 많다.

물오리나무 *Alnus sibirica* 아너스 시비리카

자작나무과 Betulaceae 오리나무속 *Alnus*

물오리나무는 낙엽 활엽 교목으로 산기슭과 개울가에서 주로 자라는데 높이 20m 정도까지 자라는 큰 키나무이다. 나무껍질은 짙은 회색이며, 윤기가 난다. 우리나라 전역에 자생하고 러시아, 일본, 중국 동북부 등에 분포한다. 오리나무에 비해서 잎은 넓은 난형이며 뾰족한 겹톱니가 있으므로 구분된다.

오리나무, 물오리나무와 같은 오리나무속 나무들은 잎이 나기 전 이른 봄에 꽃이 피어 보통 3월 초에서 중순이면 꽃가루를 날린다. 이 시기는 아직 대부분의 나무들이 앙상한 가지만 보이는 시기로 알레르기 꽃가루가 날린다고 하면 환자들은 대부분 의아하게 생각하기 쉽다.

물오리나무 꽃 촬영 3월 11일

물오리나무는 자웅동체로 암꽃과 수꽃이 같은 나무에 달리는데 암꽃은 붉은빛이 돌며 가지 위에 매달리고 수꽃은 미상화서(尾狀花序)로 아래로 축 늘어진다. 또한 물오리나무 가지에는 대부분 지난해의 열매인 작은 방울이 검은색을 띠고 매달려 있어 쉽게 알아볼 수 있다.

물오리나무 꽃 핀 모습

수꽃차례는 가지 끝에서 3~4개씩 달리며, 암꽃차례는 3~5개가 총상꽃차례를 이룬다. 열매는 타원형, 길이 1.5~2cm, 익으면 흑갈색으로 된다.

물오리나무 수꽃(좌)과 암꽃(우) 근접 촬영 촬영 3월 11일

꽃이 피면 수꽃은 붉은빛이 감도는 주황색을 띠면서 갈라져 꽃가루가 날리기 시작하고, 암꽃은 꽃가루를 받을 수 있도록 암술이 자란다.

물오리나무 겨울눈(꽃눈) 촬영 9월 19일
물오리나무는 일찍 형성된 꽃눈이 계속 성장하여 이듬해 봄에 꽃을 피운다.

물오리나무 수피
나무껍질은 짙은 회색, 윤기가 나고 매끈하며 오리나무와 달리 깊게 갈라지지 않는다.

물오리나무 겨울눈(꽃눈)
물오리나무는 길게 늘어진 꽃차례를 닮은 겨울눈(꽃
눈)을 일찍 형성하여 성장하면서 겨울을 나고 이듬
해 이른 봄에 꽃이 핀다.

사방오리 *Alnus firma* 아너스 퍼머

자작나무과 Betulaceae 오리나무속 *Alnus*

일본 원산으로 사방조림용으로 식재하는 낙엽활엽수이다. 나무 이름의 유래도 주로 사방조림용으로 심은 데서 기인한다. 줄기는 높이 8~15m가량 자라고, 꽃은 3~4월에 암수한그루로 핀다. 주로 남부지방에 분포한다.

사방오리 꽃 핀 모습 촬영 3월 24일 전남 여수
지난해의 열매도 달려 있다.

● **사방조림(沙防造林)** 황폐된 산지 비탈면이나 각종 훼손지에 묘목을 심어서 기르고 숲을 조성하여 토사가 유출되고 훼손되는 것을 방지할 목적으로 하는 일.

오리나무 *Alnus japonica* 아너스 자포니카

자작나무과 Betulaceae 오리나무속 *Alnus*

오리나무라는 이름은 옛날에 길가에 이정표 삼아 5리(五里)마다 심었다는 데서 유래하였다고 한다. 우리나라 전국에 분포하는 것으로 알려져 있으나 필자가 주변에서 찾아보면 오리나무보다 물오리나무가 흔하게 보였다.

오리나무 잎과 수피
물오리나무와 달리 잎은 길쭉한 피침형이고 끝은 날카롭게 뾰족하며, 수피는 두껍게 코르크층이 발달하고 짙은 회색이며 세로로 깊게 갈라진다.

오리나무 꽃가루 알레르기 영향 (Alder)

오리나무속 나무들은 매우 이른 봄철인 3월에 꽃이 피며 주변 산이나 계곡에서 흔히 발견할 수 있다.
필자가 진료를 담당하였던 이비인후과 의원에서 비염 증세로 내원한 환자를 대상으로 2008년부터 2015년까지 8년 동안 3,423명의 알레르기 피부반응검사를 한 결과, 오리나무 꽃가루에 대하여 10.5%의 양성반응을 보였다.

위 환자들을 대상으로 오리나무 꽃가루항원에 양성반응이 나타난 환자에서 다른 꽃가루항원들에서 양성반응이 나타난 비율을 보면 자작나무과에 속하는 자작나무(82%), 개암나무(84.5%)와 참나무과의 참나무(84.2%), 너도밤나무(84.8%)에서 높은 양성반응이 나타났다.

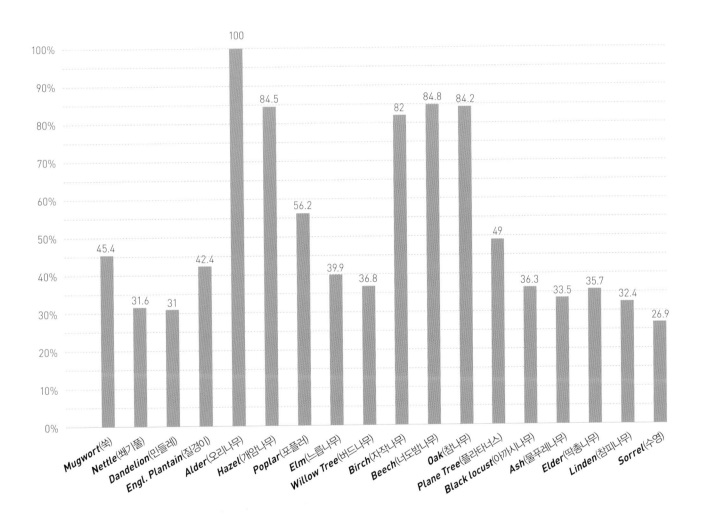

오리나무(Alder) 꽃가루항원에 양성반응이 나타난 환자에서 다른 꽃가루항원들에서 양성반응이 나타난 비율

〈참고〉부록 | 알레르기 비염 환자의 피부단자검사에서 통계학적 분석을 통한 교차반응에 대한 연구

개암나무속 *Corylus* 코일러스

자작나무과 Betulaceae 개암나무속 *Corylus*

어릴 적에 읽던 동화책에 나오는 '도깨비 방망이 이야기'에서 개암 깨무는 소리에 도깨비들이 놀라서 도망쳤다는 그 개암나무를 실제로 주변 산에서 만나볼 수 있을까요?
우리나라에 자생하는 개암나무속(*Corylus*) 수종으로는 개암나무(*C. heterophylla*), 물개암나무(*C. sieboldiana var. mandshurica*), 참개암나무(*C. sieboldiana*) 등 5종이 자생한다.

헤이즐넛(hazel nut)이라는 이름은 개암나무속 모든 품종의 열매에 적용되지만 일반적으로 유럽과 서아시아 지역에 많이 분포하는 '*Corylus avellana*' 열매를 가리키며 우리나라에 자생하는 개암나무는 '*Corylus heterophylla*'이다.

개암나무 열매
개암나무 열매를 헤이즐넛(hazel nut)이라고 한다.

개암나무 *Corylus heterophylla* 코일러스 헤테로필라

자작나무과 Betulaceae 개암나무속 *Corylus*

숲 가장자리 경사 지대, 햇빛이 잘 드는 길가에 자라는 낙엽 떨기나무로 높이가 2~3m에 이른다. 잎은 어긋나며 난상 원형 또는 넓은 도란형으로 잎끝이 짧게 뾰족해진다. 꽃은 암수한그루이며 3~4월에 잎보다 먼저 핀다. 수꽃이삭은 가지 끝에 나서 밑으로 처지며, 암꽃은 겨울눈처럼 생겼고 암술머리가 진한 붉은색이다.

우리나라 전역에 분포하며, 세계적으로는 중국, 일본, 러시아 등에도 있다.

개암나무 수꽃 촬영 3월 14일

개암나무는 암수한그루이나 꽃은 수꽃과 암꽃이 가지에 따로 달리며 잎보다 먼저 핀다.

개암나무 꽃도 오리나무와 비슷한 시기인 3월에 피는데 키 작은 관목으로 눈에 잘 띄지 않아 발견하기가 쉽지 않다.

개암나무 수꽃(위)과 암꽃(아래) 촬영 3월 14일
수꽃이삭은 가지 끝에서 밑으로 처지며, 암꽃은 암술머리가 진한 붉은색이다. 암꽃은 말미잘 촉수 모양으로 앙증맞다.

개암나무 열매 촬영 6월 25일

개암나무 겨울눈(수꽃) 촬영 9월 20일
열매는 둥근 견과이며, 1~3개씩 달리고, 10월에 익는다. 개암나무는 다음 해에 필
꽃눈이 형성되어 성장하면서 겨울을 난다.

유럽에서는 헤이즐넛(hazel nut)을 생산
하기 위하여 우리나라와는 품종이 다른
'*Corylus avellana*' 라는 개암나무를 많이
재배하여 개암나무 꽃가루가 지역에 따
라서 많이 날리는 것으로 추측된다. 그러
나 우리나라는 개암나무를 작물로 재배
하는 곳이 많지 않으므로 실제로 꽃가루
알레르기에 많은 영향을 줄 것으로 생각
되지는 않는다.

개암나무 꽃가루 알레르기 영향 (Hazel)

필자가 진료를 담당하였던 이비인후과 의원
에서 비염 증세로 내원한 환자를 대상으로
2008년부터 2015년까지 8년 동안 3,423명의
알레르기 피부반응검사를 한 결과, 개암나무
(hazel)는 10.7%의 양성반응을 보였다. 개암나
무 꽃가루항원에 양성반응이 나타난 환자에서
다른 꽃가루항원에서 양성반응이 나타난 비율
은 자작나무, 오리나무, 참나무, 너도밤나무가
약 80% 이상 높게 나타나, 다른 꽃가루 항원
과의 연관성 및 교차반응을 의심할 수 있는
소견을 보였다.

〈부록〉 알레르기 비염 환자의 피부단자검사에서 통
계학적 분석을 통한 교차반응에 대한 연구

개암나무 꽃(위)과 잎 모양(아래)

개암나무는 숲 가장자리 경사지대, 햇살이 잘 드는 길가에 자라는 키작은 낙엽관목으로 높이 2~3m에 이른다. 대전 인근 산에 오르다 보면 드문드문 관찰되는데 키 작은 관목으로 눈에 잘 띄지는 않는다.

유럽개암나무 *Corylus avellana* 코일러스 아벨라나

자작나무과 Betulaceae 개암나무속 *Corylus*

유럽개암나무는 원산지가 지중해 연안과 중앙아시아, 서아시아 지역으로, 높이는 8m 이상 자라고, 개암나무 중에서 광범위하게 재배되고 있는 수종으로 알려져 있다. 유럽개암나무 재배가 비교적 발달한 국가는 스페인, 이탈리아, 터키, 그리스, 이란, 미국과 구소련 등에서 대규모 재배를 하는 것으로 알려져 있다. 유럽개암나무는 따뜻하고, 습윤한 기후와 중성, 약산성 토양에서 잘 자란다.

우리나라에서는 아직까지 대규모 재배를 하지는 않으나 일부 농원에서 재배하는 것으로 알려져 있다.

유럽개암나무 촬영 3월 6일 홍릉수목원

유럽개암나무 수형
유럽개암나무는 3~4m 정도로 재배하나, 8m 이상 크게 자란다.

● 유럽개암나무 열매(hazel nut)는 긴 타원형, 난형, 원뿔형 등이 있고 성숙기는 8~9월이다. 헤이즐넛
   의 성분은 지방, 단백질, 당류가 많이 포함되어 향긋하고 영양이 풍부하여 가공식품 원료로 많이 사용
   된다.

자작나무속 *Betula* 베툴라

(영) birch | 자작나무과 Betulaceae 자작나무속 *Betula*

우리나라에는 자작나무속(*Betula*)에 자작나무(*B. platyphylla var. japonica*), 박달나무(*B. schmidtii*), 물박달나무(*B. davurica*), 사스래나무(*B. ermani*), 거제수나무(*B. costata*) 등 9종이 분포하는데 대부분 이름이 달라 같은 속으로 알아보기 힘들다.

자작나무는 만주, 시베리아, 일본 북해도와 같이 북위 40도 이상의 추운 북쪽지방에서 주로 자생하는 나무로 우리나라에서는 북한의 백두산 북쪽 지역에서나 자생하는 자작나무 숲을 볼 수 있다고 한다. 그러므로 남한 지역에서 볼 수 있는 자작나무는 주로 조경용이나 관상용으로 공원에 심거나 자작나무 숲을 조성한 경우가 대부분이다.

그러나 박달나무, 물박달나무, 사스래나무, 거제수나무 등은 우리나라 전역에 분포하는 것으로 알려져 있다.

나무 이름이 너무 혼란스러운 자작나무속(*Betula*)

자작나무속 나무들은 자작나무, 물박달나무, 박달나무, 사스래나무, 거제수나무 등 이름이 제각각이라 이름만으로는 같은 속(Genus)으로 생각하기 어렵다. 더구나 박달나무 이름이 들어간 까치박달나무는 자작나무속이 아니고 서어나무속에 속하여 더욱 혼란스럽게 한다.

자작나무속(*Betula*) 수피의 모습

자작나무 수종의 구분에는 나무 수형, 수피의 색과 양상, 잎맥의 수, 열매의 모양, 꽃차례의 모양과 크기 등 여러 요소를 참고하여 감별하나 그중에서 수피의 색과 양상은 많이 다르게 보여 일차적으로 수종을 구별하는 데 많은 도움이 된다.

자작나무 수피(위)
물박달나무 수피(아래)

자작나무는 흰색의 수피에 옹이 모양의 무늬가 특징적이다. 물박달나무는 수피가 회갈색을 띠며 작은 조각으로 갈라진다.

사스래나무 수피(위)
박달나무 수피(아래)

사스래나무는 흰색의 수피가 벗겨지며 나무줄기가 여러 갈래로 갈라진다. 박달나무 수피는 검은색을 띠며 두껍고 큰 조각으로 갈라진다.

자작나무 *Betula platyphylla* var. *japonica*

베툴라 플라티필라

(영) Japanese white birch, Asian white birch | 자작나무과 Betulaceae 자작나무속 *Betula*

자작나무는 낙엽 활엽 큰키나무로 높이 15~20m까지 자라며, 줄기 껍질은 흰색이고 윤기가 있다.
자작나무는 태우면 '자작자작' 소리가 나서 자작나무라 하였다고 하는데 이는 자작나무가 주로 추운 북
쪽 지방에 자생하는 나무라 추위를 견디기 위해 나무껍질에 지방을 많이 함유하고 있어 불에 잘 타기
때문이라고 한다.

자작나무 숲 강원도 인제 자작나무 숲
자작나무 숲에 들어서면 흰색 나무줄기가 하늘을 향해 곧게 뻗은 시원스러움과 눈처럼 흰 백색의 수피, 그리고 옹이 모양의 무늬, 이런 모습들
이 아름답고 신비로움을 자아내 자작나무 숲은 화가들이나 사진작가들이 종종 작품에 담는 소재로 꼽는다.

자작나무 꽃 촬영 4월 8일~4월 19일

4월경에 꽃이 피면서 잎이 나오는데 수꽃은 아래로 길게 늘어지고 암꽃은 위로 솟아 있다. 꽃은 암수한그루로 피나 수꽃과 암꽃이 따로 달린다. 잎은 어긋나며, 넓은 난형 또는 삼각상 난형으로 끝은 점점 뾰족해진다. 잎 가장자리는 고르지 않은 겹톱니가 있다. 잎자루는 길이 1.0~2.5cm다.

자작나무 수꽃과 암꽃 근접 촬영

꽃이 피면 수꽃에 달린 수술의 꽃가루주머니가 열리면서 꽃가루를 날리고, 암꽃에서는 꽃가루받이를 잘할 수 있도록 암술이 자란다.

자작나무 꽃이 활짝 핀 모습 촬영 4월 8일

자작나무는 추운 북쪽 지방에서 자생하는 나무로 우리나라 남한 지역에서 볼 수 있는 자작나무는 주로 조경용이나 관상용으로 공원에 심거나 자작나무 숲을 조성한 경우가 대부분이다. 봄철에는 나무에 매달린 늘어진 꽃을 볼 수 있다.

물박달나무 *Betula dahurica* 베툴라 다우리카

자작나무과 Betulaceae 자작나무속 Betula

물박달나무는 해발고도 1,000m 이하의 산지에 자라는 낙엽 활엽 큰키나무로 높이 6~20m까지 자라며, 자작나무속 식물들 중 비교적 우리나라 남한 지역의 산지 계곡에서 종종 관찰되는 나무이다. 식물 분류상 자작나무와 아주 가까운 형제이지만 이름이 너무 달라서 이름만으로는 자작나무와 연관성을 알기 힘들다.

우리나라 전역에 자생하고 러시아, 일본, 중국 동북부 등에 분포한다.

덕유산 계곡의 물박달나무
덕유산 무주구천동 계곡을 오르다 보면 계곡 주변으로 물박달나무가 종종 관찰된다.

물박달나무 꽃 핀 모습 촬영 4월 11일 잠실 올림픽공원
꽃은 4~5월에 암수한그루로 가지에 따로 핀다. 꽃이 필 무렵에 잎도 나며, 가지에는 지난해의 열매방울도 매달려 있는 경우가 많다.

물박달나무 수꽃과 암꽃
수꽃은 꼬리 모양 꽃차례로 가지 끝에 달려서 아래로 처지며, 암꽃은 위로 곧게 서고 원통형이다. 자작나무 꽃과 유사하다.

물박달나무 수피
물박달나무 껍질은 회갈색이고 얇은 조각
으로 떨어지는 특징이 있다.

● 자작나무속(*Betula*) 수종의 구분은 대
체로 나무기둥, 수피의 색과 나무껍질 조각
벗겨짐 등이 육안으로 다르게 보이므로 수
피를 잘 살펴보는 것이 감별하는 데 도움이
된다.

박달나무 *Betula schmidtii* 베툴라 슈미티

자작나무과 Betulaceae 자작나무속 *Betula*

해발고도 1,000m 이하의 산지에 자라는 낙엽 활엽 큰키나무이다. 우리나라 전역에 나며, 세계적으로는 중국 동북부, 러시아 우수리 지역, 일본 등에 분포한다.

줄기는 높이 30m, 지름 1m 정도로 곧게 자란다. 줄기 껍질은 암회색이고, 수령이 오래되면 두껍고 작은 조각으로 떨어진다. 박달나무는 목재의 재질이 단단하여 옛날부터 농기구인 쟁기를 만들 때나 다듬이방망이, 홍두깨, 빨래방망이, 디딜방아의 방아공이 같은 대체로 단단한 재질이 필요한 농기구나 생활도구를 박달나무로 만들었다고 한다.

박달나무 수피 촬영 강원도
줄기 껍질은 암회색이고 수령이 오래되면 두꺼운 조각으로 떨어진다.

수꽃눈
(겨울눈)

박달나무 수꽃과 열매 촬영 1월 5일 강원도
박달나무는 긴 꽃눈이 일찍 형성되어 성장하면서 겨울을 나고 봄에 꽃이 핀다. 열매는 위를 향하고 좁은 날개가 있으며, 9월에 익는다.

박달나무 수피
박달나무는 예로부터 농기구와 연장 등을 만드는 데 사용했으며, 우리나라 단군신화에 나오는 신단수가 바로 박달나무였다는 설이 있다.

사스래나무 *Betula ermanii* 베툴라 어마니

자작나무과 Betulaceae 자작나무속 *Betula*

사스래나무는 높은 산지의 중턱 이상에서 자라는 큰키나무로 우리나라와 일본, 중국 만주, 러시아 동부 시베리아, 사할린 등에 분포한다.

사스래나무 촬영 강원도 대관령
사스래나무는 줄기가 많이 갈라지고, 나무껍질은 회백색이며 종잇장처럼 벗겨져서 줄기에 오랫동안 붙어 있다. 열매는 곧게 서고 긴 타원형으로 길이 2~3cm이며 9월에 성숙한다.

사스래나무 수피와 열매
사스래나무 수피는 백색을 띠어 멀리서 보면 흰색의 자작나무 같은 느낌을 준다.

사스래나무 촬영 덕유산
덕유산 향적봉에 케이블카를 타고 오르다 보면 해발 1,000m 이상의 고지에서 커다란 사스래나무 군락지가 보인다.

● 우리나라에서 부르는 자작나무 형제들(자작나무속 *Betula*) 이름은 자작나무, 박달나무, 물박달나무, 사스래나무, 거제수나무 등으로 제각각 다
르다.

거제수나무 *Betula costata* 베툴라 코스타타

자작나무과 Betulaceae 자작나무속 *Betula*

산지 숲속에 자라는 낙엽 활엽 큰키나무로 높이는 30m까지 자란다. 나무껍질은 황색 또는 붉은 밤색이고 종이처럼 얇게 벗겨진다. 우리나라 경상남도 이북에 나며, 러시아 극동부, 일본, 중국 동북부 등에 분포한다. 거제수나무는 나무에서 나오는 수액을 음용, 약재로 사용하기도 하는데 그 효과가 재앙을 물러나게 한다는 의미의 거재수(去災水)에서 거제수라는 이름이 유래하였다는 설이 있다. '물자작나무'라고도 부른다.

거제수나무 수피와 열매 촬영 11월 10일 강원도
거제수나무 수피는 황동색으로 종이처럼 얇게 벗겨지는 특징이 있다. 열매는 원형 또는 난형으로 길이 1.5〜3cm이다.

거제수나무 수피

자작나무 꽃가루 알레르기 영향 (Birch)

자작나무는 주변에서 흔히 볼 수 있는 나무는 아니지만 우리나라에 분포하는 자작나무속(Betula) 수종에는 물박달나무, 박달나무, 사스래나무, 거제수나무 등 9종이 알려져 있다.

필자가 진료를 담당하였던 이비인후과 의원에서 비염 증세로 내원한 환자를 대상으로 2008년부터 2015년까지 8년 동안 3,423명의 알레르기 피부반응검사를 한 결과, 자작나무 꽃가루항원에 대하여 11.8%의 양성반응을 보였다.

위 환자들을 대상으로 자작나무 꽃가루항원에 양성반응이 나타난 환자에서 다른 꽃가루항원들에서 동시에 양성반응이 나타난 비율을 보면 참나무(82.9%), 너도밤나무(83.9%), 개암나무(75.5%), 오리나무(73.3%) 등에서 매우 높은 동시 양성반응이 나타났다.

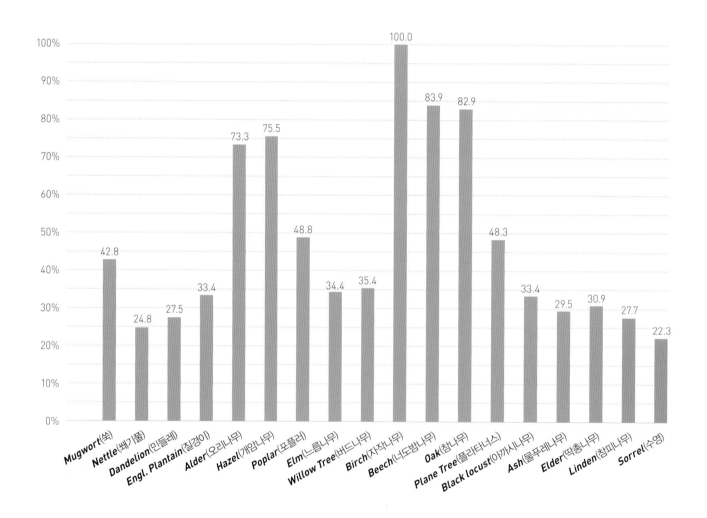

자작나무(Birch) 꽃가루항원에 양성반응이 나타난 환자에서 다른 꽃가루항원들에서 양성반응이 나타난 비율

〈참고〉부록 | 알레르기 비염 환자의 피부단자검사에서 통계학적 분석을 통한 교차반응에 대한 연구

우리나라 남한 지역에는 자작나무가 별로 없다는데
자작나무 꽃가루 알레르기는 왜 많이 나타날까요?

무엇보다 자작나무 꽃가루 알레르기 반응에서 중요한 것은 첫째, 주변에 자작나무와 식물 계통 분류상 가까운 나무가 있는지를 확인하고 둘째, 교차반응의 가능성을 생각해봐야 합니다.

1. 자작나무와 식물 계통분류상 가까운 수종

우선 생각해볼 수 있는 것이 우리나라에서 자작나무 형제들이라 할 수 있는 자작나무속(*Betula*) 수종들을 살펴보면 자작나무, 박달나무, 물박달나무, 사스래나무, 거제수나무, 개박달나무 등이 있는데 현재 알레르기 검사 항목에는 포함되어 있지 않지만 박달나무, 물박달나무 등은 우리나라 전역에 비교적 많이 분포하는 수종으로 알려져 있습니다.

꽃가루 알레르기 피부반응검사는 대부분 종(species)으로 구분하여 검사하는 경우보다는 속(Genus)의 범위에서 하고, 자작나무 항원에 표시된 'Birch'도 자작나무속을 의미하며 이는 참나무, 오리나무, 포플러 등 다른 꽃가루항원에 대하여도 마찬가지로 개별 종에 대한 검사가 아닌 속의 범위에서 알레르기 검사를 합니다.

그러므로 우리나라 남한 지역에 많이 분포하지 않는 자작나무 꽃가루에 대한 항원성은 박달나무, 물박달나무 등 자작나무속 수종들이 포함된 꽃가루항원에 대한 알레르기 반응으로 생각하여야 합니다.

2. 다른 식물의 꽃가루항원과 자작나무 항원의 알레르기 교차반응 가능성

자작나무 꽃가루항원에는 알레르기를 일으키는 중요한 항원 성분으로 'Bet v1, Bet v2' 라는 단백 성분이 있는데, 이 물질과 유사한 항원 성분이 다른 식물에서도 많이 포함되어 있다고 알려져 있고, 그러다 보니 자작나무 항원에 해당되는 'Bet v1, Bet v2'라는 단백 성분과 유사한 성분이 있는 다른 식물에 알레르기가 있는 환자는 자작나무 꽃가루항원에도 알레르기 반응이 일어날 수가 있습니다. 이러한 현상을 교차반응이라 하는데, 자작나무는 오리나무, 참나무 꽃가루와 단백 항원의 유사성이 많이 있어 교차반응이 있는 것으로 여러 실험 결과 확인되었습니다.

서어나무속 *Carpinus* 카피너스

자작나무과 Betulaceae 서어나무속 *Carpinus*

우리나라에는 서어나무속(*Carpinus*)에 서어나무(*C. laxiflora*), 소사나무(*C. turczaninowii*), 개서어나무(*C. tschonoskii*), 까치박달(*C. cordata*) 등이 있다.

서어나무 *Carpinus laxiflora* 카피너스 락시플로라

(영) hornbeam | 자작나무과 Betulaceae 서어나무속 *Carpinus*

숲의 변천 과정(숲의 천이)에서 맨 마지막 단계를 극상림이라 한다. 극상림 중 양수림에 대표적인 나무는 소나무이고, 음수림에서는 참나무와 서어나무가 대표적인데 일차적으로 참나무가 나타나고 이차적으로 서어나무가 나타난다. 서어나무는 도심에서는 보기 힘들지만 비교적 주변 산의 등산로에서 어렵지 않게 볼 수 있다. 서울 근교에서는 남한산성 등산로 주변에서도 서어나무 군락지를 쉽게 관찰할 수 있다.

서어나무 수피
서어나무는 수피가 근육질 남성의 몸매처럼 강하게 보여 근육나무(muscle tree)라고도 한다.

서어나무 수피
서어나무는 얼핏 보아도 나무껍질이 매끈
하면서 나무 기둥이 울퉁불퉁 근육질 남
성의 몸매처럼 강하게 보이고, 색깔도 회
색이라 마치 콘크리트로 겉을 발라놓은
것처럼 단단한 느낌이 들기도 한다.

서어나무 꽃 촬영 4월 12일

꽃은 암수한그루이며 4월에 피며 꼬리 모양 꽃차례로 잎보다 먼저 꽃이 핀다. 수꽃은 지난해 가지 중간에 매달려 아래쪽으로 늘어지고 암꽃은 새로 난 가지 끝에 매달린다.

소사나무 *Carpinus turczaninowii* 카피너스 터차니노비

자작나무과 Betulaceae 서어나무속 *Carpinus*

소사나무는 낙엽 활엽수로 높이 3~10m 정도이며 서어나무에 비해 키가 작아, 작은 서어나무라는 뜻이 있다. 우리나라 서·남해안 및 강원도 일부 내륙 지역에 자생하며 중국 동북부, 일본 혼슈 등에 분포한다.

소사나무 꽃 촬영 4월 16일 대전 한밭수목원
암수한그루로 3~5월 잎보다 먼저 꽃이 피는데 수꽃은 미상화서로 촘촘히 아래로 늘어지며 암꽃은 포에 싸여 달린다.

소사나무 꽃
수꽃은 꼬리 모양인 미상화서(尾狀花序)로 달리며, 암꽃은 가지 끝에 포에 싸여 달린다.

소사나무 잎과 열매
잎은 어긋나게 달리며 난형으로 끝이 뾰족하고, 열매는 가장자리에 뾰족한 톱니가 불규칙하게 나 있다.

까치박달 *Carpinus cordata* 카피너스 코다타

자작나무과 Betulaceae 서어나무속 *Carpinus*

낙엽 큰키나무로 높이 10~15m이다. 수피는 회색이다. 잎은 타원형 또는 원형이며 끝은 날카롭고 잎 가장자리는 겹톱니 모양이다. 이름만 들으면 박달나무 일종으로 보이지만 서어나무속에 속하는 나무이다.

까치박달나무 열매 촬영 8월 19일

까치박달나무 열매 촬영 8월 19일

열매는 길이 6~8cm, 원통형으로 특징적인 모양을 하여 잘 구별된다.

02

참나무과 Fagaceae

The oak family

참나무과(Fagaceae)는 대부분 온대·아열대에 널리 분포하며, 전 세계에 8~10속 800여 종이 알려져 있는데, 한국에는 대표적으로 참나무속(*Quercus*), 너도밤나무속(*Fagus*), 밤나무속(*Castanea*), 모밀잣밤나무속(*Castanopsis*) 등 5속 38종이 서식한다.

여기서 참나무속 수종들은 우리나라 산림의 40% 이상을 차지하여 봄철 4~5월에 많은 양의 꽃가루를 날리고 알레르기 반응도 높으므로 호흡기 알레르기 질환에 있어서 매우 중요하다.

우리나라 참나무과 주요 수종들은 다음과 같다.

참나무속 *Quercus* : 떡갈나무, 상수리나무, 굴참나무, 신갈나무, 갈참나무, 졸참나무 등
        30여 종

너도밤나무속 *Fagus* : 너도밤나무(우리나라는 울릉도에서 자생)

밤나무속 *Castanea* : 밤나무, 약밤나무, 산밤나무

참나무속 〉상수리나무 열매   참나무속 〉졸참나무 열매

밤나무속 〉밤나무 열매   너도밤나무속 〉너도밤나무 열매

● 우리나라에서 참나무과로 명칭을 정한 'Fagaceae'가 학명을 기준으로 보면 너도밤나무속
(*Fagus*) 계통에 어원이 있음을 알 수 있다. 아마도 우리나라에는 너도밤나무보다 참나무가
널리 분포하여 'Fagaceae'를 '너도밤나무과'라 하지 않고 '참나무과'로 분류한 것으로 추측
되나 국제적인 학명에 따른 분류체계와 비교해보면 명칭이 혼란스러울 수 있다.

참나무속 *Quercus* 쿼커스

참나무과 Fagaceae 참나무속 *Quercus*

우리나라에 분포하는 참나무속(*Quercus*) 주요 수종에는 한반도 전역에 분포하는 상수리나무(*Q. acutissima*), 굴참나무(*Q. variabilis*), 신갈나무(*Q. mongolica*), 갈참나무(*Q. aliena*), 졸참나무(*Q. serrata*), 떡갈나무(*Q. dentata*)를 대표적인 참나무 6종으로 꼽으나 이 밖에도 참나무속에는 제주도 및 남해안 지역에 주로 분포하는 상록활엽수인 붉가시나무(*Q. acuta*), 종가시나무(*Q. glauca*), 가시나무(*Q. myrsinaefolia*) 등 전체적으로 30여 종이 분포하는 것으로 알려져 있다.

참나무는 우리나라 전역에 널리 분포하여 산림의 40% 이상을 차지하는 것으로 알려져 있어 봄철 4~5월에 많은 양의 꽃가루를 날리고, 알레르기 반응도 강하여 호흡기 알레르기 환자에서 참나무 꽃가루에 대한 알레르기는 다른 어느 꽃가루보다 의미가 크다 할 수 있다.
참나무 꽃가루가 날리는 시기는 대전 지역 등 중부지방을 기준으로 4월 중순부터 꽃이 피기 시작하는데 이 시기는 기온 변화가 심한 환절기이고, 계절상 황사 등 미세먼지가 심한 계절이기도 하여, 꽃가루 알레르기뿐 아니라 호흡기질환이 많이 발생하는 시기이다.
참나무 꽃이 필 때 주변의 산이 연녹색으로 물들기 시작하여 멀리서도 금방 알아볼 수 있다.

그런데 흥미로운 것은 우리에게 너무도 익숙한 이름인 '참나무'는 일반적으로 도토리가 달리는 나무들을 통칭하여 부르는 명칭으로, 참나무속(*Quercus*)에 해당되며 개별적인 수종을 말할 때는 상수리나무, 신갈나무, 갈참나무 등으로 표시하여야 한다.

참나무 꽃가루 알레르기 영향 (Oak)

필자가 진료를 담당하였던 이비인후과 의원에서 비염 증세로 내원한 환자를 대상으로 2008년부터 2015년까지 8년 동안 3,423명의 알레르기 피부반응검사를 한 결과, 참나무(oak)에는 15.3%의 높은 양성반응을 보였다.

위 환자들을 대상으로 참나무 꽃가루항원에 양성반응이 나타난 환자에서 다른 꽃가루항원들과 동시에 양성반응이 나타난 비율을 보면 참나무과에 속하는 너도밤나무(73.9%)와 자작나무과의 자작나무(63.9%), 오리나무(58%), 개암나무(60.9%)에서 높은 동시 양성반응을 보였다.

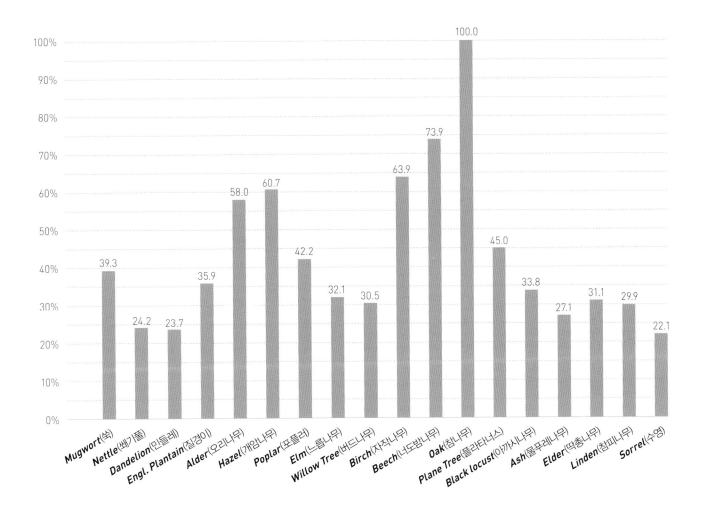

참나무(Oak) 꽃가루항원에 양성반응이 나타난 환자에서 다른 꽃가루항원들에서 양성반응이 나타난 비율

〈참고〉부록 | 알레르기 비염 환자의 피부단자검사에서 통계학적 분석을 통한 교차반응에 대한 연구

상수리나무*Quercus acutissima* 쿼커스 아쿠티시마

참나무과 Fagaceae 참나무속 *Quercus*

상수리나무는 해발 800m 이하의 해가 잘 비치는 산기슭에서 자라는 낙엽 활엽 큰키나무이다. 줄기는 높이 30m, 직경은 1m 정도까지 자란다. 우리나라 전역에 나며 일본, 중국 등에 분포하는 것으로 알려져 있다.

상수리나무 꽃 촬영 4월 12일

상수리나무라는 이름이 붙은 유래

임진왜란 때 피난 가던 선조가 피난처에서 도토리묵을 자주 먹었는데 도토리묵을 좋아하여 나중에 환궁하여서도 늘상 수라상에 올랐다 하여 상수리나무가 되었다는 설이 있다. 그렇지만 문헌에는 그 이전부터 상수리나무의 열매를 뜻하는 상실(橡 상수리나무 상, 實 열매 실)이란 한자어가 있었으며, 학자들은 이 '상실(橡實)'이란 단어가 상수리로 되었다고 본다.

상수리나무 열매 촬영 10월 8일

열매는 '도토리'라고 부르는 견과로 열매를 감싸고 있는 각두는 털 달린 모양으로 끝부분이 뒤로 젖혀져 있다.

● **각두(殼斗)** 열매를 싸고 있는 술잔 모양의 받침.

상수리나무 잎

잎은 장타원형이고, 잎 가장자리에 매우 뾰족한 끝을 지닌 바늘톱니들이 있다.
굴참나무(Q. variabilis)와 잎 모양이 비슷하나 상수리나무는 나무껍질이 두껍게 발달하지 않으며, 잎 뒷면에 별처럼 생긴 털이 없어 구분된다.

굴참나무 *Quercus variabilis* 쿼커스 베리어빌리스

참나무과Fagaceae 참나무속*Quercus*

참나무목 참나무과에 속하는 낙엽 큰키나무로 해발 50~1,200m의 해가 잘 비치는 산기슭이나 산 중턱에서 흔히 자라며 높이 25m, 직경은 1m까지 자란다. 나무껍질에는 코르크가 두껍게 발달한다. 목재는 가구재, 건축재, 기구재, 펄프, 숯으로 이용하며, 열매는 식용 및 약용, 가축 먹이로 쓴다. 우리나라 전역에 나며 일본, 대만, 베트남, 티베트, 중국 등에 분포한다.

굴참나무 꽃 촬영 4월 12일
꽃은 4~5월에 암수한그루에 피며 수꽃차례는 길게 늘어진다. 도토리를 감싸고 있는 각두는 털 달린 모자 모양으로 끝부분이 뒤로 젖혀져 있다. 잎 앞면은 녹색이나 뒷면은 털이 있어 흰색을 띤다.

굴참나무 열매와 잎 촬영 9월 27일

굴참나무는 잎 모양은 상수리나무와 비슷하나 코르크층의 발달로 수피가 깊게 갈라져 있어 구분이 되고, 주변 산에서 종종 찾아볼 수 있다.

굴참나무 수피

굴참나무 수피는 코르크층이 두껍게 발달하여 골이 깊게 파여 있다.

신갈나무 *Quercus mongolica* 퀘커스 몽골리카

참나무과 Fagaceae 참나무속 *Quercus*

해발고도 100~1,800m의 산 중턱에서 자라는 낙엽 활엽 큰키나무로 줄기는 곧추 서서 30m까지 자란다. 신갈나무는 잎 모양이 옛날 짚신의 밑창으로 사용하기 알맞은 모양이어서 신갈나무라는 이름이 유래하였다고 한다.

신갈나무 잎과 열매
신갈나무 도토리는 털 없는 빵모자 모양의 각두에 싸여 있고, 잎 가장자리는 파도치는 물결 모양의 톱니가 나 있다. 잎자루가 거의 없다. 열매는 길이 6~25mm, 너비 6~21mm 정도의 타원형인데, 도토리집에 3분의 1가량 들어가 있다. 9~10월에 결실한다.

신갈나무 꽃 촬영 4월 10일

꽃은 암수한그루로 4~5월에 서로 다른 꽃차례에 피는데, 수꽃은 길게 늘어지고, 암꽃은 곧추 선다. 우리 나라에 자라는 낙엽성 참나무 종류의 대표적인 종으로 잎이 도란형이며, 잎 가장자리에 있는 톱니는 물결 모양이다. 갈참나무와 비슷하나, 잎자루가 짧고, 잎 뒷면이 하얀색이 아니어서 구분된다.

●자작나무과에 속하는 오리나무속, 자작나무속, 개암나무속의 나무들은 겨울눈(꽃눈)을 일찍 형성하여 겨울 을 나고 이듬해 꽃을 피우는 데 비하여 참나무속 나무들은 꽃눈을 미리 형성하지 않고 봄에 꽃을 피운다.

갈참나무 *Quercus aliena* 퀴커스 앨리나

참나무과 Fagaceae 참나무속 *Quercus*

갈참나무는 잎이 가을 늦게까지 달려 있고 단풍 색깔도 황갈색이라 가을참나무라고 부르던 것이 갈참나무가 되었다고 한다. 한국, 일본, 중국 북동부, 동남아시아 등지에 분포한다.

갈참나무 잎 촬영 11월 9일
갈참나무는 가을 늦게까지 단풍 든 잎이 떨어지지 않고 달려 있다. 신갈나무와 비교할 때 잎자루가 뚜렷하게 있고 잎 뒷면이 흰색을 띤다.

갈참나무 꽃 촬영 4월 12일

꽃은 암수한그루로 서로 다른 꽃차례에 피는데, 수꽃은 길게 늘어지고 암꽃은 곧추 선다.

갈참나무 열매 촬영 9월 27일

갈참나무 열매는 털 없는 빵모자 모양의 각두에 싸여 있고 길이 6~23mm, 폭 7~15mm 정도, 도토리집은 얇은 접시 모양이다. 10월에 익는다.

졸참나무 *Quercus serrata* 쿼커스 세라타

참나무과 Fagaceae 참나무속 *Quercus*

졸참나무는 잎과 도토리의 크기가 참나무 중에서 가장 작아 '졸'참나무라고 이름 지었다고 한다.

졸참나무 열매
도토리는 작고 길쭉하며, 털 없는 빵모자 모양의 각두에 싸여 있다. 졸참나무는 잎 가장자리에 특징적으로 톱니 모양의 거치가 있다.

졸참나무 열매

졸참나무 꽃과 잎

꽃은 암수한그루이고 수꽃은 아래로 길게 늘어진다. 잎 가장자리에 톱니 모양의 거치가 있다.

떡갈나무 *Quercus dentata* 쿼커스 덴타타

참나무과 Fagaceae 참나무속 *Quercus*

떡갈나무는 잎이 떡을 쌀 정도로 큰 모양이라 해서 떡갈나무라 이름 지었다 하며, 잎 가장자리는 파도
치는 물결처럼 뭉툭한 모양을 하고 있다.

도토리를 감싸고 있는 각두는 털 달린 털모자 모양으로 조각들은 길고 뒤로 젖혀져 있다.

떡갈나무 잎과 열매

참나무 종류 단순 구별법

참나무속에는 30여 종이 있는 것으로 알려져 있으나 주변에서 흔히 볼 수 있는 참나무 수종으로는 상수리나무, 굴참나무, 신갈나무, 갈참나무, 졸참나무, 떡갈나무 등인데 이 6종을 참나무 6형제라 부르기도 한다. 참나무는 키가 높이 자라서 꽃핀 모습을 자세히 비교·관찰하기가 쉽지가 않다. 그러다 보니 꽃의 모양을 보고 참나무 종류를 구별하려는 시도는 번번이 포기하고 발길을 돌리기 일쑤이다.

필자도 봄철에 여러 번 참나무 꽃을 비교·관찰하려 하였으나 번번이 실패하였다. 오히려 참나무를 구별하기 용이한 계절은 꽃피는 봄철보다 잎이 나고 도토리가 매달리는 늦여름이나 가을이 훨씬 쉬워 보인다.

참나무의 대표적인 6종에 대하여 일반적으로 알려져 있는 몇 가지 감별 포인트를 필자 나름대로 정리해보았다.

핵심 포인트 4가지

1 도토리를 싸고 있는 각두(깍정이)의 모양이 털모자 모양인지 확인

털이 없는 모양(빵모자) – 신갈나무, 갈참나무, 졸참나무

털이 달린 모양(털모자) – 떡갈나무, 상수리나무, 굴참나무

2 잎의 모양(잎의 크기, 가장자리 거치 모양, 앞 뒷면의 색깔)

넓고 크면서 물결치는 가장자리–떡갈나무, 신갈나무, 갈참나무

좁고 길쭉하면서 가장자리에 바늘 모양의 거치–상수리나무, 굴참나무, (졸참나무–톱니 모양)

3 잎자루 길이
떡갈나무와 신갈나무는 잎자루가 거의 없다.

떡갈나무

신갈나무

4 잎의 뒷면의 색깔
흰색에 가까운 회색빛– 갈참나무, 굴참나무, 졸참나무는 약하게 흰색.

굴참나무

졸참나무

이렇게 몇몇 감별 포인트를 알고 나무를 관찰하는 습성을 들이다 보면 차츰 알아볼 수 있는 나무들이 점점 많아지는 즐거움을 느낄 수 있다. 그렇지만 처음부터 산에서 만나는 참나무를 구별하려고 애쓰기보다는 주변에 있는 수목원에서 이름표가 붙어 있는 참나무를 반복적으로 관찰하는 것도 좋은 방법이다.

너도밤나무속 *Fagus* 훼이거스

(영) beech | 참나무과Fagaceae 너도밤나무속*Fagus*

너도밤나무는 우리나라에서는 울릉도에서만 자생하는 것으로 알려져 있어 주변에서 너도밤나무를 보려면 수목원이나 가야 겨우 볼 수 있는데, 유럽과 일본에서는 종종 볼 수 있는 나무라 한다.

꽃가루 알레르기 검사항원에 'beech'라는 항원이 있는데 이에 대한 국명이 '너도밤나무'이다. 한때 필자는 이 너도밤나무를 우리나라에서 흔히 보는 밤나무의 일종으로 착각한 적이 있었다.

그러나 'beech'는 식물 계통분류상 밤나무속(*Castanea*)하고는 완전히 구분되는 너도밤나무속(*Fagus*)으로 밤나무와는 상위 분류 단계에서 구분되는 수종이다. 마치 참나무와 밤나무 차이만큼이나 구별되는 나무인 것이다.

전 세계에 분포하는 너도밤나무속(*Fagus*)에는 유럽너도밤나무(*F. sylvatica*), 중국너도밤나무(*F. engleriana*), 미국너도밤나무(*F. grandifolia*), 대만너도밤나무(*F. hayatae*), 일본너도밤나무(*F. japonica*) 등 10여 종이 있다.

그런데 필자가 이비인후과 환자를 진료하던 대전 지역에서 비염으로 내원한 환자를 대상으로 알레르기 피부반응검사를 통계분석한 결과 너도밤나무(beech) 꽃가루항원에 대한 알레르기 양성률은 종종 우리나라에서 알레르기 반응이 매우 높은 참나무(oak)와 비슷한 양성률을 보여, 주변에 너도밤나무 분포가 빈약한 것을 고려할 때 다른 꽃가루항원과 교차반응이 있을 것으로 추정되었다.

너도밤나무 꽃가루 알레르기 영향 (Beech)

너도밤나무는 우리나라에서는 울릉도에서만 자생하는 것으로 알려져 있으나 필자가 이비인후과 환자를 진료하였던 대전 지역에서 2008년부터 2015년까지 8년 동안 비염 증세로 내원한 환자 중 3,423명을 대상으로 시행한 알레르기 피부반응검사 결과, 너도밤나무는 15.1% 양성반응을 보여 참나무(oak) 15.3%와 비슷한 높은 양성률을 보였다.

위 환자들을 대상으로 너도밤나무 꽃가루항원에 양성반응이 나타난 환자에게 다른 항원들에서 동시에 양성반응이 나타난 비율을 보면 참나무(74.9%), 자작나무(65.6%), 오리나무(59.2%), 개암나무(61.7%) 등에서 높은 동시 양성반응이 나타났다. 상관관계 분석(Pearson correlation coefficient)에서도 이들 사이에 높은 상관관계가 나타났다.

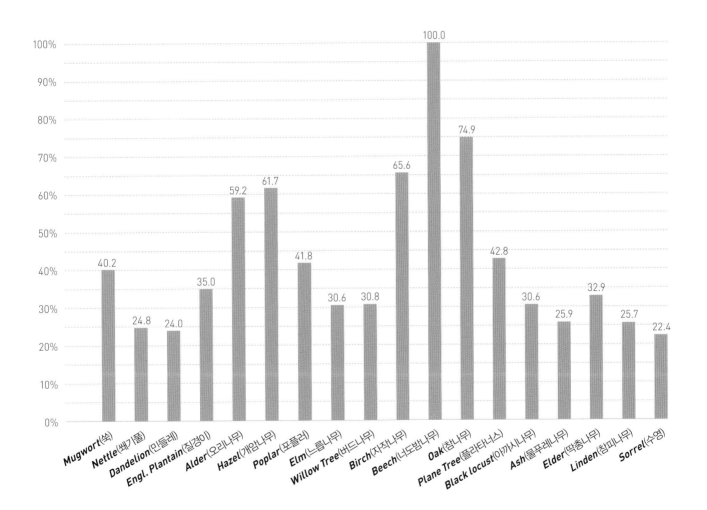

너도밤나무(Beech) 꽃가루항원에 양성반응이 나타난 환자에서 다른 꽃가루항원들에서 양성반응이 나타난 비율

〈참고〉부록 | 알레르기 비염 환자의 피부단자검사에서 통계학적 분석을 통한 교차반응에 대한 연구

너도밤나무 *Fagus engleriana* 훼이거스 잉글리아나

참나무과 ^{Fagaceae} 너도밤나무속 ^{Fagus}

참나무과에 속하는 너도밤나무는 해발 300~900m 지점에서 자라는 낙엽 활엽 큰키나무로 높이 20m까지 곧추 자라며, 나무껍질은 회백색으로 매끈하다. 너도밤나무는 우리나라에서는 울릉도에서만 자생하는 것으로 알려져 있다.

너도밤나무 열매 촬영 서울 홍릉수목원
열매는 밤송이 가시처럼 생긴 껍질로 완전히 감싸여 있다가 익으면 열매를 싸고 있는 각두가 벌어진다.

● **너도밤나무는 밤나무와 다르다** 너도밤나무는 밤나무속이 아니고, 밤나무속(*Castanea*)하고는 완전히 구분되는 너도밤나무속(*Fagus*)으로 상위 분류 단계에서 구분되는 수종이다.

너도밤나무 수꽃(좌)과 열매(우)
너도밤나무 수꽃은 머리모양(두상) 꽃차례로 모여 달린다.

너도밤나무 수형 촬영 4월 12일 홍릉수목원
낙엽 활엽 큰키나무로 줄기는 20m까지 곧추 자라며, 나무껍질은 회백색으로 매끈하다. 잎은 서로 엇갈려 달리며 난형으로 끝이 뾰족하고, 잎 뒷면 맥 주위와 잎자루에는 잔털이 달린다.

울릉도는 너도밤나무 숲이 울창하다

울릉도는 성인봉을 중심으로 해발 300m 이상 부근에서는 우산고로쇠나무와 너도밤나무 등 낙엽활엽수
가 우위를 차지하여 분포하는데 위로 올라갈수록 너도밤나무가 더 많이 분포하는 것으로 보인다. 나리
분지와 알봉이 훤히 보이는 전망대(해발 790m) 부근에는 주변에 너도밤나무 숲이 넓게 형성되어 있다.

울릉도 나리분지 촬영 3월 10일

성인봉

나리분지에서 출발하여 성인봉(해발 986m)을 오르다 보면 가파른 등산로 계단 주변에 너도밤나무 숲이 정상 부근까지 계속 이어지는 것을 볼 수 있다.

너도밤나무

너도밤나무는 낙엽 활엽 큰키나무로 높이 20m까지 곧추 자라며, 나무껍질은 회백색으로 매끈하다.

유럽너도밤나무 *Fagus sylvatica* 훼이거스 실바티카

(영) European beech | 참나무과 ^{Fagaceae} 너도밤나무속 ^{Fagus}

유럽너도밤나무는 유럽, 아시아, 북미 대륙 등 북반구에 자생하는 낙엽활엽수로 독일, 스위스 등 유럽 일부 국가에서는 전체 산림의 10~20% 정도가 너도밤나무라 할 정도로 흔히 볼 수 있는 나무라 한다. 그 품종 또한 다양하여 우리나라 국가표준식물목록에 등록된 유럽너도밤나무가 15종이나 된다.

유럽너도밤나무 열매 촬영 8월 16일 천리포수목원

열매는 밤송이 가시처럼 생긴 껍질로 완전히 감싸여 있다가 껍질이 벌어지면서 드러난다.

유럽너도밤나무(*Fagus sylvatica*) 수형 유럽너도밤나무는 높이 20~30m, 직경 2~2.5m까지 자라는 큰키나무이다.

유럽너도밤나무 촬영 천리포수목원
유럽너도밤나무에는 다양한 품종이 있다.

밤나무속 *Castanea* 카스타니아

참나무과 Fagaceae 밤나무속 *Castanea*

밤나무속(*Castanea*) 나무들은 아시아, 유럽, 북아메리카, 북아프리카 등의 온대지역에 분포하며 일본밤(*C. crenata*), 유럽밤(*C. sativa*), 중국밤(*C. mollissima*), 미국밤(*C. dentata*) 등 전 세계적으로 10여 종이 있는데 우리나라에는 밤나무(*C. crenata*), 약밤나무(*C. bungeana*), 산밤나무(*C. crenata* var. *kusakuri*) 3종이 분포하고 있다.

밤나무는 먹을 것이 풍족하지 않았던 옛날에는 중요한 먹거리였기 때문에 '밥나무'라고 불리던 것이 '밤나무'가 되었다고 한다. 밤은 예로부터 우리 생활과 깊은 관계가 있어 대추, 감과 함께 관혼상제에 쓰였다. 제사상에 껍질을 깐 밤을 올리고, 혼례 때 자식이 번성하고 부자 되라는 상징으로 쓰이기도 한다.

우리나라는 예로부터 밤나무를 귀하게 여겨 많이 심고 재배하여 열매를 식용으로 이용하였으며, 지금도 주변에서 흔히 볼 수 있다.

밤나무 숲 촬영 충남 공주 지역
충남 공주지역에서 생산되는 밤은 당도가 높고
영양가 높은 고소한 맛으로 유명하다.

밤나무 *Castanea crenata* 카스타니아 크레나타

참나무과 Fagaceae 밤나무속 *Castanea*

밤나무는 해가 잘 비치는 산기슭이나 낮은 지대에서 높이 30m까지 곧추 서서 자라는 낙엽 활엽 큰키나무이다. 잎은 서로 엇갈려 달린다. 세계적으로 한국, 일본, 중국 동북부, 독일, 프랑스, 미국 등지에 분포하는 것으로 알려져 있다.

밤나무 꽃 촬영 6월 9일

꽃가루 알레르기 영향
현재 우리나라에서는 밤나무 꽃가루에 대하여 별도의 알레르기 검사는 하지 않으나, 주변에 밤나무가 많이 있고, 식용으로 식재하여 재배하는 곳이 많은 것을 고려할 때 알레르기 검사가 필요할 것으로 판단된다. 또한 밤나무는 참나무과에 속하여 참나무, 너도밤나무 등 식물 계통분류상 가까운 식물과의 알레르기 교차반응 관계도 연구되어야 할 부분으로 보인다.

밤나무 수꽃과 암꽃 촬영 6월 13일 충남 공주

밤나무 꽃은 암수한그루로 암꽃과 수꽃이 같은 나무에서 서로 달리 달린다. 수꽃은 새로 난 가지에서 길이 10~15cm 정도이고, 암꽃은 수꽃의 아래쪽에 달린다. 밤나무 꽃은 다른 풍매화보다 좀 늦은 6월경에 꽃이 핀다.

밤송이 촬영 9월 26일(우)

열매는 9~10월에 성숙하며 익으면 벌어진다. 외과피에는 가시가 있고, 내피는 잘 벗겨지지 않는다. 견과는 2.5~4cm.

●**향기가 독특한 밤꽃 향기** 밤나무 꽃 하면 독특한 밤꽃 향기를 떠올리지 않을 수 없는데 이것은 밤꽃 냄새의 성분에 있는 'spermidine' 과 'spermine'이 남자의 정액에도 들어 있는 성분이라 비슷한 냄새가 난다고 한다.

03

버드나무과 Salicaceae

The willow family

버드나무과에는 버드나무속(*Sailix*), 사시나무속(*Poplus*),
새양버들속(*Chosenia*) 3속이 있다.

버드나무속(*Sailix*)은 국내에 40여 종이 자생하고 있으며 대표적인 수종은
버드나무 *Salix koreensis*, 선버들 *Salix triandra*, 왕버들 *Salix chaenomeloides*,
수양버들 *Salix babylonica*, 능수버들 *Salix pseudolasiogyne*, 갯버들 *Salix gracilistyla*,
개키버들 *Salix integra*, 용버들 *Salix matsudana*, 호랑버들 *Salix caprea*,
난장이버들 *Salix divaricata* var. *orthostemma*
섬버들, 제주산버들, 떡버들, 닥장버들 등이다.

사시나무속(*Poplus*)의 대표적인 수종 :
사시나무 *Populus davidiana*, 은사시나무 *Populus* ×*tomentiglandulosa*, 양버들 *Populus nigra* var. *italica*
미루나무 *Populus deltiodes*, 이태리포플러 *Populus* ×*canadensis*, 수원사시나무, 일본사시나무 등

새양버들속(*Chosenia*) : 새양버들 *Chosenia arbutifolia* 1종

버드나무속 〉 버드나무 수꽃

버드나무속 〉 버드나무 씨앗

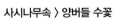
사시나무속 〉 양버들 수꽃

사시나무속 〉 은사시나무 수꽃

버드나무속 *Salix* 살릭스

버드나무과 Salicaceae 버드나무속 *Salix*

전 세계적으로 버드나무 종류는 400여 종에 이르고 국내에 자생하는 버드나무 종류만도 40여 종이 알려져 있다.

　버드나무속(*Salix*)의 속명 'Salix'는 라틴어로 'sal'(가깝다)과 'lis'(물)의 합성어로 '물 가까이에서 자라는 나무'라는 뜻을 지니고 있다. 물가에서 잘 자랄 뿐 아니라, 예로부터 버드나무는 물을 정화시키는 기능이 있다고 하여 우물가에 많이 심었다고 한다.

버드나무 꽃 핀 모습 촬영 3월 29일 여의도 선유도공원
버드나무는 강가, 마을 하천 주변에 몇 그루씩은 거의 다 있고 3~4월에 많은 양의 꽃가루를 날린다.

버드나무 *Salix koreensis* 살릭스 코린시스

버드나무과 Salicaceae   버드나무속 *Salix*

버드나무 수꽃 촬영 3월 21일
버드나무 수꽃의 수술은 2개이며 꽃가루를 싸고 있는 꽃가루 주머니가 열리기 전에는 붉은색을 띠다가 꽃가루 주머니가 열리고 꽃가루가 날릴 때는 노란색으로 변한다.

버드나무 꽃가루 알레르기 영향 (Willow tree)

필자가 진료를 담당하였던 이비인후과 의원에서 비염 증세로 내원한 환자를 대상으로 2008년부터 2015년까지 8년 동안 3,423명의 알레르기 피부반응검사를 한 결과, 버드나무(willow tree)는 5.9%의 양성반응을 보여 다른 꽃가루항원에 비하여 비교적 약한 알레르기 항원성을 나타내었다.

버드나무 꽃 핀 모습 촬영 4월 1일

버드나무 수꽃(좌)과 암꽃(우)

버드나무(속) 꽃은 암수딴그루로 3월 중순~4월 초에 잎과 꽃이 비슷한 시기에 올라오는데, 멀리서 보면 마치 노란색 혹은 연한 녹색의 잎이 올라오는 것처럼 보여 꽃으로 생각하지 못하는 경우가 많다. 특히 버드나무 암꽃은 연한 녹색을 띤다.

수양버들 씨앗 촬영 5월 2일

열매는 삭과이며, 난형이고, 씨에 흰 털이 밀생한다. 5월이 되면 흰색 솜털이 달린 버드나무 씨앗이 공중에 하얗게 날리는데, 이것을 버드나무 꽃가루로 착각하는 사람들이 많다.

●**삭과(蒴果)** 속이 여러 칸으로 나뉘고 각 칸에 많은 종자가 든 열매로 2개 이상의 봉합선을 따라 터진다.

수양버들(Salix babylonica) 수양버들은 가지가 아래로 길게 늘어진다.

진통해열제 아스피린의 원료가 된 버드나무 이야기

BC 400년쯤에 '의학의 아버지'로 불리는 그리스의 히포크라테스가 환자들의 통증을 경감시켜주고자 버드나무 잎을 씹게 했다고 전해진다. 그 후에도 이러한 민간요법이 전해오다가 1820년대 버드나무에 살리신salicin이라는 통증 완화 성분이 들어 있음을 알아냈다. 처음에는 너무 쓴맛이 나는 살리신을 먹을 수 없었다. 1897년 독일 바이엘사의 호프만은 살리실산의 쓴맛은 줄이고, 위에 부담이 적은 아세틸살리실산, 즉 아스피린을 개발하여 1899년 '해열 진통제' 아스피린의 특허를 등록했다.

버드나무의 이러한 진통작용은 고대 중국에서도 치통이 심할 때 버드나무 가지로 이 사이를 문질렀다는 기록이 전해지며, 일본에서는 이쑤시개를 버드나무가지라는 뜻을 지닌 요지(楊枝 ようじ)라 부른다.

버드나무과
사시나무속

사시나무속 *Populus* 포플러스

버드나무과 Salicaceae 사시나무속 *Populus*

'포플라'는 사시나무속(*Populus*) 전체를 통칭하는 용어로, 영어로는 'poplar', 'aspen' 또는 'cottonwood' 등으로 다양하게 불린다. 전 세계적으로 사시나무속에는 대략 25~35종이 있으며 주로 지구 북반부에 분포한다.

사시나무의 한자 이름은 버들양(楊)이며 사시나무 종류에서 수피가 하얀 사시나무는 백양(白楊)에 속하고, 수피가 검은색을 띠는 미루나무는 흑양(黑楊)에 속한다.

백양(白楊)은 영어로는 'aspens' 또는 'white poplar'라 불린다.
사시나무 *Populus davidiana*
수원사시나무 *Populus glandulosa*
은사시나무 *Populus tomentiglandulosa*
은백양 *Populus alba*

흑양(黑楊)은 수피가 검은색을 띠며, 서양에서 도입하여 가로수로 많이 식재하였던 나무이다.
미루나무 *Populus deltoides*
양버들 *Populus nigra* var. *italica*
이태리포플러 *Populus* × *canadensis*

1	2
3	4

1 은사시나무 2 미루나무 3 이태리포플러 4 양버들

은사시나무 *Populus tomentiglandulosa* 포플러스 토멘티그란둘로사

버드나무과 Salicaceae 사시나무속 *Populus*

은사시나무는 낙엽 활엽 교목으로 수원사시나무(*Populus glandulosa*)와 서양에서 들여온 은백양(*Populus alba*) 사이에서 생긴 교잡종으로 형태적으로 은백양과 유사하다. 은수원사시나무라고도 부른다.

사시나무 꽃은 3~4월 잎이 나기 전에 암수딴그루로 꼬리모양 미상꽃차례로 가지마다 무수히 많이 달리며, 회갈색 및 적갈색이다.

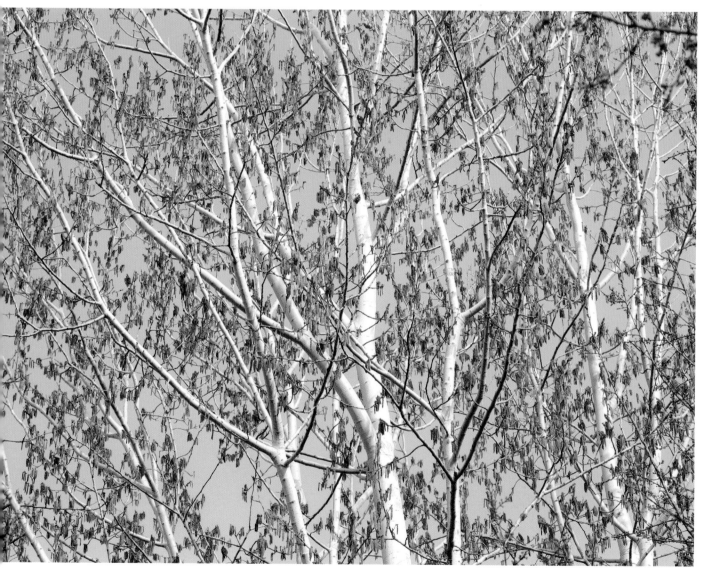

은사시나무 꽃 핀 모습 촬영 3월 28일

꽃가루 알레르기 영향 (Poplar)

필자가 진료를 담당하였던 이비인후과 의원에서 비염 증세로 내원한 환자를 대상으로 2008년부터 2015년까지 8년 동안 3,423명의 알레르기 피부반응검사를 한 결과, 포플러(poplar)에 대한 꽃가루 알레르기는 7.8%의 양성반응을 보여 다른 꽃가루 항원에 비교하여 중간 정도의 항원성이 나타났다.

은사시나무 수꽃(위)과 은사시나무 암꽃(아래) 촬영 3월 21일
수꽃차례와 암꽃차례 모양이 비슷하며, 암꽃은 수분받이가 끝나면 바로 열매가 형성된다.

은사시나무 열매

은사시나무 수피
은사시나무는 매끈한 흰색 수피에 마름모꼴 무늬가 특징적이다.

이태리포플러 잎
포플러 잎들은 긴 잎자루에 매달려 사람이 거의 느끼지 못하는 미풍에도 나뭇잎은 쉴 새 없이 살랑거린다.

'사시나무 떨 듯 떤다'는 생활 속의 속담

사람이 덜덜 떨 때 흔히 사시나무 떨듯이 떤다고 한다. 사시나무속(poplar) 나무들은 잎이 가늘고 긴 잎자루 끝에 매달려 있어 사람들이 바람을 거의 느끼지 못하는 미풍에도 나뭇잎은 언제나 살랑거리고 파르르 떨게 마련이다.

영어로도 포플러를 'tremble tree'라 표현하기도 하여 우리말과 같이 '떠는 나무'라는 의미가 있다. 그 원인으로 사시나무는 햇볕을 좋아하는 나무이지만 더위에는 무척 약하여 뿌리에서 물을 많이 뽑아 올려 잎의 숨구멍을 통해서 끊임없이 배출시켜서 나무의 체온을 조절하는데, 기온을 떨어뜨리기 위하여 잎을 쉬지 않고 떤다고 한다.

양버들 *Populus nigra* var. *italica* 포플러스 니그라

버드나무과 Salicaceae 사시나무속 *Populus*

양버들은 'Lombardy poplar'라고도 하는데 원래 유럽(특히 이탈리아 북부 롬바디 지역)의 품종이다. 우리가 어려서부터 미루나무로 알고 있던 신작로 길가의 빗자루 모양 나무는 미루나무가 아니라 양버들이었으며 양버들은 줄기 아래부터 잔가지가 많이 자라고 잎 모양은 둥근 마름모꼴이다.
우리나라 전역에 식재되었으며 유럽, 중국 서부, 중앙아시아 등에 분포한다.

미루나무 꼭대기에 조각구름 걸려 있네~
솔바람이 몰고 와서 살짝 걸쳐놓고 갔어요~

뭉게구름 흰구름은 마음씨가 좋은가 봐~
솔바람이 부는 대로 어디든지 흘러간대요~

양버들 촬영 5월 3일 한강변
미루나무로 잘못 알고 있던 빗자루 모양의 양버들.

양버들 수형과 꽃 핀 모습

양버들 수꽃(좌)과 암꽃(우) 촬영 3월 29일
꽃은 3~4월 잎이 나기 전에 피며 암수딴그루이다. 수꽃은 붉은색을 띠고 암꽃은 연한 녹색을 띤다.

미루나무 *Populus deltoides* 포플러스 델토이드스

버드나무과 ^{Salicaceae} 사시나무속 *Populus*

미루나무(eastern cottonwood)는 북아메리카 원산으로 해방 이전부터 우리나라에 도입되어 식재되었다. 1960년대 이후에는 미루나무와 외형상 유사한 이태리포플러를 유럽에서 들여와 심었다. 미루나무 어원은 미국(美)에서 온 버드나무(柳)라 하여 미류(美柳)나무라고 불리다가 이것이 발음상 편한 '미루나무'로 바뀐 것이라 한다. 미루나무는 수피가 검은색을 띠어 사시나무속(*Populus*)에서 흑양(黑楊)에 속한다.

미루나무 수형과 꽃 핀 모습
미루나무는 높이 30m, 지름 1m까지 자라며 가지는 사방으로 퍼진다. 빗자루 모양으로 좁고 길게 자라는 양버들과는 수형이 많이 다르다.

꽃가루 알레르기 영향

미루나무는 사시나무속(poplar)에 속하여 사시나무, 미루나무, 양버들 모두 알레르기 결과에 영향을 줄 것으로 보인다. 필자가 이비인후과 환자를 진료하였던 대전 지역에서 2008년부터 2015년까지 8년 동안 비염 증세로 내원한 환자 중 3,423명을 대상으로 시행한 알레르기 피부반응검사 결과, 포플라(poplar) 꽃가루 알레르기는 7.8%의 양성률을 보였다.

미루나무, 이태리포플러, 양버들 구분

• 미루나무(*Populus deltoides*)

해방 이전부터 미국에서 들여와 전국에 식
재하였으나 1962년부터 1980년까지 조림
녹화사업 기간에는 주로 이탈리아에서 수입
한 양버들과 이태리포플러를 많이 식재하였
다고 한다. 그리하여 요즘은 초기에 미국에
서 들여온 미루나무를 찾아보기 힘들고, 현
재 보이는 많은 종류는 미루나무와 양버들
의 잡종인 '이태리포플러'라 한다.

• 양버들(*Populus nigra* var. *italica*)

'Lombardy poplar'라고도 하는데 원래 유
럽(특히 이탈리아)의 품종으로 신작로의 빗
자루 모양의 가로수는 거의 모두 양버들이
다. 줄기 아래부터 잔가지가 많이 자라고 잎
모양은 둥근 마름모이다.

• 이태리포플러(*Populus x canadensis*)

유럽 특히, 이태리에서 들여온 나무로 북미
원산 '*Populus deltoides*'와 유럽 원산의
'*Poplus nigra*'의 교잡종인데 우리나라에 들
어올 때 주로 이탈리아에서 수입되었기에 보
통 '이태리포플러'라 부른다.

미루나무와 이태리포플러 구별은 잎의 폭이
길이보다 긴 삼각형이면 '이태리포플러'라 하
는데 실제로는 구별하기 힘들고 지금 남아 있
는 대부분은 '이태리포플러'일 가능성이 높다.

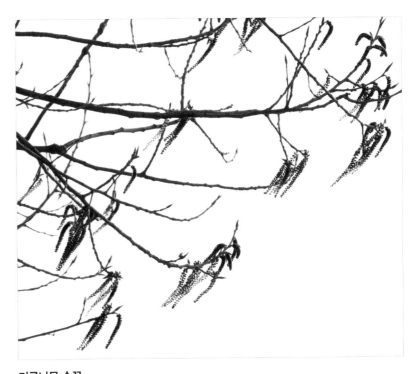

미루나무 수꽃
미루나무는 암수딴그루로 꽃이 피며 수꽃은 꼬리모양으로 길게 늘어진다.

미루나무 수꽃(상)과 암꽃(하) 촬영 4월 1일
미루나무 화서로 피는 시기는 중부지방을 기준으로 3~4월에 수꽃과 암꽃 모두 긴 꼬리 모
양의 미상꽃차례 꽃이 핀다. 5월 중순에서 6월이 되면 솜털이 붙은 꽃씨가 날리기 시작한다.

04

느릅나무과 Ulmaceae

The elm family

우리나라에는 느릅나무과에 느릅나무속(*Ulmus*), 느티나무속 (*Zelkova*), 팽나무속(*Celtis*), 시무나무속(*Hemiptelea*) 등 5속 20여 종이 자생하고 있다.

느릅나무

참느릅나무

느티나무

팽나무

느릅나무 *Ulmus davidiana* var. *japonica* 얼무스 다비디아나

(영) elm | 느릅나무과 Ulmaceae 느릅나무속 *Ulmus*

느릅나무는 우리나라 전역에서 계곡 부근에 자라는 높이 20~30m에 이르는 낙엽 큰키나무이다. 깊은 산에서는 종종 볼 수 있으나 느릅나무 껍질, 뿌리 껍질을 예로부터 약제로 사용하였으며, 그런지 도심 주변에서는 느릅나무를 발견하기가 쉽지는 않다.

느릅나무 꽃 촬영 3월 23일 덕유산

느릅나무 꽃가루 알레르기 영향(Elm)

필자가 진료를 담당하였던 이비인후과 의원에서 비염 증세로 내원한 환자를 대상으로 2008년부터 2015년까지 8년 동안 3,423명의 알레르기 피부반응검사를 한 결과, 느릅나무(elm)는 6%의 양성반응을 보여 다른 종류의 꽃가루 알레르기에 비하여 비교적 낮은 양성반응을 보였다. 〈참고〉부록 | 알레르기 비염 환자의 피부단자검사에서 통계학적 분석을 통한 교차반응에 대한 연구

느릅나무 꽃 근접 촬영

느릅나무 꽃은 3~4월 잎이 나기 전에 짧은 기간 피었다가 지기 때문에 관찰하기가 쉽지 않다.

느릅나무 잎, 느릅나무 열매 촬영 5월 17일 덕유산

느릅나무 잎은 타원형으로 가장자리에 겹톱니가 있고, 열매는 5~6월에 익으며 부채 모양의 얇은 막으로 둘러싸여 있다.

참느릅나무 *Ulmus parvifolia* 얼무스 파비폴리아

느릅나무과 Ulmaceae 느릅나무속 *Ulmus*

참느릅나무는 높이 10~18m까지 자라는 낙엽 큰키나무로 한국, 중국, 일본, 베트남 등에 분포한다. 수형이 아름다워 공원이나 도심 주변에 관상수, 가로수로 많이 심어져 있어 쉽게 찾아볼 수 있다. 나무껍질은 회갈색으로 두껍고 불규칙하게 갈라지며, 조각이 벗겨지는데 색깔은 알록달록하고 잎은 느릅나무보다 작으면서 반질반질하다.

참느릅나무 단풍 촬영 11월 21일 대전청사공원
참느릅나무는 수형이 아담하고 가을 단풍과 열매가 가을 늦게까지 떨어지지 않고 매달려 있어 도심 정원에 잘 어울린다.

참느릅나무 꽃과 열매 촬영 9월 1∼9일 서울 양재천

꽃은 9∼10월에 피는데 새로 난 가지의 잎겨드랑이에 양성화 여러 개가 모여 달린다. 나뭇가지에 작게 매달려 있기 때문에 일부러 찾아봐야 알 수 있는 경우가 많다.

참느릅나무 열매

열매는 시과이며 넓은 타원형이다. 씨는 열매의 중앙에 있다.

● 느릅나무는 꽃이 4∼5월에 피고, 참느릅나무는 9∼10월에 핀다.

느릅나무 수피
줄기 껍질은 어두운 회색이면서 세로로 갈라지고, 어린 가지에 코르크질이 발달하는 경우가 많다.

참나릅나무 수피
나무껍질은 회갈색으로 두껍고 불규칙
하게 갈라지며, 조각이 벗겨진다. 잎은
어긋나며, 긴 타원형 또는 난형으로 끝
은 점차 좁아지고, 뾰족하거나 둔하며,
가장자리에 둔한 톱니가 있다.

느티나무 *Zelkova serrata* 젤코바 세라타

느릅나무과 Ulmaceae 느티나무속 *Zelkova*

전국의 산기슭, 골짜기에 자라는 낙엽 큰키나무로 높이 25m에 이르고, 생장 속도가 빨라서 정원수나 가로수로 많이 심는다. 목재는 단단하여 연장의 손잡이나 고급 가구재와 건축재로 쓰인다. 우리나라 전역에서 자라며 중국 동부, 대만, 일본 등에 분포한다.

수령이 오래된 느티나무 촬영 공주 공산성
느티나무는 예로부터 성황목, 당산목으로 마을 어귀에 심어놓고 제를 지내며 신성시하던 나무이다. 마을 향교나 서당, 정자 등에 피서목이나 풍치목으로 심기도 하였다.

느티나무 꽃 촬영 4월 16일

꽃은 3∼4월에 잎겨드랑이에서 피는데 암꽃과 수꽃이 한그루에 달린다. 열매는 핵과로 일그러진 납작한 구형이나 잘 형성되지 않아 보기 힘들다.

느티나무 꽃(좌)과 잎(우)

잎은 어긋나며 장타원형 또는 난상 피침형으로 길이 2∼7cm이다. 잎 끝은 점차 뾰족해지고 규칙적인 치아상 톱니가 있다.

꽃가루 알레르기 영향

아직까지 병원에서 느티나무 꽃가루에 대한 알레르기 검사는 하지 않으나. 도심 주변에 많이 심어져 있어 검사가 필요할 것으로 생각된다. 참고로 서울시 자료에 의하면 2018년 서울시 가로수 약 30만 6,000여 그루 중 느티나무는 3만 5,410그루라고 한다.

느티나무

느티나무는 언제 보아도 그 모습이 변함이 없다. 화려하게 꽃이 피는 나무가 아니라 그런지 곤충과 벌레도 별로 달라붙지 않는 것 같다. 여름에는 시원한 그늘을 주고 가을이 되면 단풍이 수수하게 물들고 낙엽이 떨어지는, 평범한 나무이면서도 나무랄 데 없이 잔잔한 휴식과 편안한 느낌을 주는 그런 나무로 항상 느껴졌다.

그런데 동네 어귀에 있는 널리 알려진 수백 년 된 느티나무가 아니면 가까이 있어도 쉽게 알아보기 힘든 나무가 바로 느티나무이다. 얼핏 보면 벚나무 같아 보이는데 벚나무가 꽃이 화려하게 피는 데 비하여 느티나무는 꽃이 피는 것을 알기가 힘들다. 느티나무 꽃은 잎이 날 무렵에 피는데 눈여겨보지 않으면 대개 놓치고 만다. 꽃도 3~4일 지나면 흔적도 없이 다 날아가버리고 푸른 잎만 남아 있다.

팽나무 *Celtis sinensis* 셀티스 시넨시스

느릅나무과 Ulmaceae 팽나무속 *Celtis*

팽나무는 느릅나무과에 속하며 산지 경사지대, 계곡, 길가 등에서 자라는 낙엽 활엽 큰키나무이다. 줄기는 높이 20m, 지름 2m에 달하며 줄기 껍질은 회색 또는 회흑색이다. 우리나라 전역에서 자라며, 중국, 일본 등에 분포한다.

팽나무
수령이 오래된 팽나무는 줄기가 굽어져 고풍스러운 모습을 보인다.

느릅나무과 나무들 중 느티나무, 느릅나무, 팽나무는 각기 다른 아름다운 모습으로 사랑받는 나무이다.
팽나무는 잎이 반질반질하여 햇살에 반짝이고 동그란 열매도 앙증맞게 보여 가을 단풍과 잘 어울린다.
또한 수령이 오래될수록 나무줄기가 굽어지고 멋들어져 고풍스러움이 느껴질 때가 많다.

팽나무 꽃 촬영 4월 13일

수꽃

암꽃

팽나무 수꽃과 암꽃 촬영 4월 14일
수꽃은 새 가지의 밑부분 잎겨드랑이에 취산꽃차례로 달리며 수술이 4개이다. 암꽃의 암
술대는 가지 끝에서 동그란 애기씨에서 나와 2개로 갈라져 뒤로 젖혀진다.

팽나무 잎과 열매

잎은 달걀 모양 또는 넓은 타원형이며, 끝이 뾰족하고 윗부분에 잔 톱니가 있다. 열매는 구형 핵과이며, 등황색으로 익는다.

●**핵과** 열매에서 단단한 씨를 다육질이 감싸고 있다. 열매의 중심에 씨방이 변한 단단한 목질의 핵이 들어 있다. 살구, 복숭아, 대추 등이 이에 속한다.

05

뽕나무과 Moraceae

The mulberry family

뽕나무과는 40속, 1,000여 종 이상의 식물이 있는데 대다수가 열대

와 아열대 지역에서 서식하나 드물게 온대에 서식하기도 한다.

우리나라에는 뽕나무과 5속 10여 종이 있다.

뽕나무속 *Morus*
꾸지뽕나무속 *Cudrania*
닥나무속 *Broussonetia*
무화과나무속 *Ficus*
뽕모시풀속 *Fatoua*

뽕나무속 〉 뽕나무 열매

꾸지뽕나무속 〉 꾸지뽕 열매

닥나무속 〉 꾸지나무 암꽃

뽕나무 *Morus alba* 모루스 알바

(영) mulberry | 뽕나무과 Moraceae 뽕나무속 *Morus*

누에를 키워 누에고치에서 비단을 만들어내는 양잠업(養蠶業)은 수천 년 전부터 내려오는 비단 생산 방식이다. 우리나라는 오래전부터 누에를 키우기 위하여 뽕나무를 심었으며, 비단은 누에고치에서 뽑은 명주실로 짠 천으로 가볍고 부드러운 최고급 원단이다.

명주실을 만들어내는 누에는 누에나방의 애벌레로 성장하면 실을 내어 누에고치를 만들고, 그곳에서 번데기가 되었다가 나방으로 탈바꿈하는데 누에나방은 수천 년 전부터 인간에게 사육되어 지금은 야생에서는 살 수 없다고 한다.

뽕나무 열매

뽕나무 열매는 6〜7월에 검붉게 익으며 '오디'라고 하며, 구형 또는 타원형으로 길이 1.0〜2.5cm이다. 잎은 난상원형으로 가장자리에 둔한 톱니가 있다.

뽕나무 수꽃과 암꽃 촬영 4월 19~5월 4일

꽃은 암수딴그루로 5~6월에 핀다. 수꽃은 새 가지 밑부분의 잎겨드랑이에서 꼬리모양 꽃차례로 달리며 긴 타원형이다. 암꽃차례는 넓은 타원형이며, 암술대는 거의 없으며 암술머리는 2개이다.

꽃가루 알레르기 영향

우리나라에서는 보통 뽕나무 꽃가루에 대한 알레르기 검사는 하지 않지만, 뽕나무는 많은 양의 꽃가루를 날리며 호흡기 알레르기를 유발하는 것으로 알려져 있다.

잠실(蠶室) 이야기

조선 초기부터 백성들에게 양잠을 많이 권장하여 각 도마다 뽕나무를 심게 하였고, 잠실도회(蠶室都會)를 두어 양잠업을 관리하게 하였다. 당연히 뽕나무를 심고 기르는 것도 필수적인 일이 되었다. 누에를 치는 방을 잠실(蠶室)이라고 하였는데, 현재 서울의 잠실 지역도 조선시대에 뽕나무를 재배하여 누에를 키우던 지역으로, 지금의 잠실운동장 자리는 나라에서 운영하던 '잠실도회처'가 있던 곳으로 알려져 있다.

상전벽해(桑田碧海)라는 말이 있는데 뽕나무밭이 바다가 될 정도로 세상이 변함을 나타내는 한자숙어이다. 고층 빌딩이 빽빽하게 들어선 현재의 잠실 지역이 거기에 딱 맞는 상황이 되어버렸다.

뽕나무 수형 촬영 서울 잠실 올림픽공원

뽕나무는 높이 3~10m에 이르고 줄기 껍질은 회갈색이다. 아직도 잠실에 있는 올림픽공원을 산책하다 보면 여러 곳에서 커다란 뽕나무를 볼 수 있다.

꾸지뽕나무 *Cudrania tricuspidata* 커드라니아 트라이커스피데타

뽕나무과 Moraceae 꾸지뽕나무속 *Cudrania*

양지바른 산기슭이나 마을 주변에서 높이 3~8m 정도로 자라는 작은키나무이다. 가지에는 가시가 있고 잎은 난형 또는 3갈래로 갈라진다. 열매는 지름 1~3cm인 공 모양 취과를 이루며 다육질이고 붉은색에서 검은색으로 익는다.

과실은 식용하거나 술을 담그기도 하고, 잎은 누에를 키우는 데 사료로 사용하기도 한다. 우리나라 황해도 이남의 서해안과 남해안 서부 지역에 주로 자생하며 일본과 중국 등 동아시아에도 분포한다.

꾸지뽕나무 열매를 따 먹는 새
꾸지뽕나무 열매는 단맛이 나서 그대로 먹기도 하고 음료로 갈아 먹기도 한다. 맛이 좋아 사람뿐만 아니라 새들도 좋아한다.

꾸지뽕나무 열매와 암꽃 촬영 5월 28일

꾸지뽕나무는 암수딴그루로 구형의 암꽃차례에서 흰색의 암술이 길쭉하게 나오고 잎겨드랑이 하나에 보통 한 쌍의 꽃이 매달려 있다. 개화기는 5~6월이며 열매는 9월에 익는다.

꾸지나무 *Broussonetia papyrifera* 브루소네샤 파피리퍼라

뽕나무과 Moraceae 닥나무속 *Broussonetia*

양지바른 산기슭이나 밭둑에서 높이 12m, 지름 60cm 정도로 자라는 낙엽 활엽 큰키나무이다. 꾸지나무는 분류상 닥나무속으로 꾸지뽕나무와 이름은 비슷하지만 상위 분류에서 구분되며 수피는 제지용으로 사용하여 창호지를 만든다.
우리나라 전역에 심어 기르며 일본, 대만, 중국에 분포한다. 이 종은 닥나무와 달리 암수딴그루로 전체에 털이 많고 잎자루와 수꽃차례가 길어 구별된다. 나무껍질은 종이 원료로 쓰고, 어린잎은 식용하며, 열매는 약용한다.

꾸지나무 암꽃 촬영 5월 17일
꾸지나무는 암수딴그루이며 암꽃은 붉은 보라색을 띤다. 암꽃차례는 지름 1cm 정도로 둥근 모양이다.

꾸지나무 암꽃(위)과 꾸지나무 수꽃(아래)

꽃은 4~5월에 암수딴그루로 피며, 수꽃차례는 원주형으로 아래로 드리우고, 암꽃차례는 구형이며 실 모양 암술대가 길게 나와 있다. 열매는 공 모양이며 9~10월에 적색으로 성숙한다. 잎은 어긋나며 원형 또는 타원형이며 가장자리에 톱니가 있다.

내장산 단풍나무 촬영 11월 13일

06

단풍나무과 Aceraceae

단풍나무속 *Acer* 에이서

단풍나무과Aceraceae 단풍나무속*Acer*

단풍나무는 단풍나무과에 속하는 속씨식물로 주로 관상용으로 심으며, 단풍나무 중에는 고로쇠나무나 설탕단풍나무같이 수액을 채취하여 약용하거나 설탕의 원료로 사용하기도 한다.

단풍나무의 공통된 특징은 빨갛고 노랗게 물드는 5갈래 단풍잎이 아니고, 2개 쌍으로 붙은 V자 모양의 씨앗으로, 여기에 넓고 얇은 날개가 붙어 있어 바람에 날리면 멀리까지 씨앗이 날아간다.

우리나라에는 단풍나무속(Acer)에 20여 종의 단풍나무가 있는데 단풍나무 중 복자기, 신나무, 고로쇠나무, 우산고로쇠나무는 이름에 '단풍나무'라는 명칭이 붙지는 않지만 분류상 단풍나무속에 속한다.

단풍나무 *Acer palmatum*
당단풍나무 *Acer pseudosieboldianum*
공작단풍 *Acer palmatum* var. *dissectum,*
중국단풍나무 *Acer buergerianum*
꽃단풍 *Acer pycanthum*
네군도단풍 *Acer negundo*

설탕단풍 *Acer saccharum*
복자기 *Acer triflorum*
신나무 *Acer ginnala*
고로쇠나무 *Acer pictum* subsp. *mono*
우산고로쇠나무 *Acer okamotoanum*
……

133

단풍나무 *Acer palmatum* 에이서 팔마툼

단풍나무과Aceraceae 단풍나무속Acer

가을에 울긋불긋 곱게 물드는 단풍나무는 잘 알지만, 많은 사람들이 단풍나무에 피는 꽃은 기억하지 못한다.

보통은 꽃이 필 때 잎도 새로 나와서 작은 꽃들이 눈에 잘 띄지는 않지만, 단풍나무 꽃은 중부지방을 기준으로 대개 4~5월에 핀다. 단풍나무 잎은 마주나며 손바닥 모양으로 5~7갈래로 깊이 갈라진다. 꽃은 주로 풍매화이지만 충매화이기도 한 이중매화에 속한다. 우리가 흔히 도심에서 만나는 단풍나무는 일본 품종이고 내장산 등 남부지방의 산에서 자생종 단풍나무를 만날 수 있다.

단풍나무 꽃 촬영 4월 20일
꽃은 암적색으로 가지 끝에 산방꽃차례로 달린다. 꽃받침 조각은 5개, 꽃잎은 5장, 수술은 8개이다. 단풍나무 꽃은 주로 풍매화이지만 충매화이기도 한 이중매화에 속한다. 근접 촬영한 사진에서 꽃잎과 꽃받침이 뚜렷하게 관찰된다.

단풍나무 꽃 촬영 4월 20일

단풍나무 잎과 씨앗

단풍나무 잎은 마주나며 손바닥 모양으로 5~7갈래로 깊이 갈라진다. 갈래 조각은 넓은 피침형이며 끝은 점차 뾰족해지고, 가장자리에 겹톱니가 있다. 잎자루는 빨갛다. 열매는 시과(翅果), 2개 쌍으로 붙은 V자 모양으로 넓고 얇은 날개가 붙어 있어 바람에 날리면 멀리까지 씨앗이 날아가 퍼뜨린다.

──────────

● **시과(翅果)** 씨방벽이 자라서 만들어진 날개와 같은 구조가 있어 바람에 멀리까지 날아갈 수 있다(단풍나무, 물푸레나무).

공작단풍 *Acer palmatum* var. *dissectum*

에이서 팔마툼

단풍나무과 Aceraceae 단풍나무속 Acer

낙엽 활엽 큰키나무로 높이 10m까지 자라고, 줄기는 가늘며 잿빛을 띤 갈색이다. 나무줄기에서 나는 가지는 아래로 늘어지고, 잎은 가늘게 갈라져 내린 모습이 새 깃털을 연상시켜 공작단풍이라는 이름이 지어진 것으로 보인다. 수형이 아름다워 공원이나 정원에 관상용으로 많이 식재한다.

공작단풍
공작단풍은 가지 줄기가 수양버들처럼 아래로 향하여 자라 아름다운 모습을 보인다.

공작단풍

잎은 마주나고, 둥근 손바닥 모양이며, 7~11갈래로 갈라진다. 갈래 조각은 다시 가늘게 갈라진다. 꽃은 5월에 짙은 붉은색으로 핀다.

꽃단풍 *Acer pycanthum* 에이서 파캔텀

단풍나무과 Aceraceae 단풍나무속 *Acer*

화무십일홍(花無十日紅)이라는 말이 있듯이 식물을 관찰하다 보면 한번 꽃이 피어서 10일 이상 지속되는 식물은 많지 않아 보인다. 물론 백일홍처럼 오래 피어 있는 꽃도 있지만 대부분의 식물은 수정이 끝나면 바로 시들고 만다.

필자가 꽃단풍이라는 말을 들었을 때 꽃핀 모습을 보기 전까지는 잎이 알록달록 예뻐서 꽃단풍이라고 이름 지었나 생각하기도 했다. 그런데 나중에 살펴보니 꽃이 잎보다 먼저 붉은색으로 피고 씨앗이 형성되는데 이때 모습이 온 나무에 꽃이 핀 것처럼 보였다. 그뿐만 아니라 이때 씨앗이 매달려 있는 것도 멀리서 보면 언뜻 꽃이 핀 것처럼 보인다.

꽃단풍은 일본이 원산지인 단풍나무로 우리나라 전역에서 관상용으로 식재한다.

꽃단풍 꽃 핀 모습 촬영 3월 28일
잎이 나기 전에 꽃이 피고 씨앗의 형태가 형성된다.

꽃단풍 열매와 잎
공원이나 정원에 식재하는 낙엽 큰키나무로 높이는 15m 정도이다. 잎은 3개로 갈라지고 잎자루는 길이 3～6cm이다. 꽃은 4월에 잎보다 먼저 핀다. 열매는 시과이며 6월에 익는다. 이때 보면 열매가 매달린 것도 붉게 꽃이 핀 듯 보인다.

설탕단풍 *Acer saccharum* 에이서 사카룸

단풍나무과 Aceraceae 단풍나무속 *Acer*

북아메리카 북동부가 원산지이며 공원, 정원 등에 관상용으로 식재하는 낙엽 활엽 큰키나무이다. 이 단풍나무에서 채취한 수액으로 설탕을 만들어서 설탕단풍이라는 이름이 생겼다. 나뭇잎이 캐나다 국기 문양을 닮아서 '캐나다단풍나무'라고도 부른다.

설탕단풍나무 잎
설탕단풍나무 잎 모양은 캐나다 국기의 문양을 닮았다.

형태적 특징

잎은 손바닥 모양의 원형이며, 3~5갈래로 갈라지고, 끝은 뾰족하고 가장자리는 밋밋하거나 톱니가 드문드문 있다. 가을에 황적색으로 물든다. 꽃은 4~5월에 피는데 황록색이며, 가지 끝에 산방꽃차례로 달린다. 열매는 시과. 수액에서 설탕 메이플시럽을 추출한다.

설탕단풍나무
우리나라 공원, 정원 등에 관상용으로 식재하는 낙엽 활엽 큰키나무이다.

네군도단풍 *Acer negundo* 에이서 네군도

단풍나무과 Aceraceae 단풍나무속 *Acer*

북아메리카 원산의 낙엽 활엽 교목으로 키가 20m 정도까지 자란다. 잎자루는 길고, 잎은 난형 또는 타원상 피침형이고, 꽃은 긴 꽃자루에 매달려 잎보다 먼저 핀다.

주변에서 흔하게 볼 수 있는 나무는 아니지만 네군도단풍나무는 풍매화로 많은 양의 꽃가루가 날려 호흡기 알레르기를 일으키는 것으로 알려져 있다.

네군도단풍 꽃 핀 모습
꽃은 4~5월에 피며, 열매는 8~9월에 익는다.

네군도단풍나무 꽃가루 알레르기 영향

우리나라에서 네군도단풍나무 꽃가루 알레르기 피부반응검사 결과는 보고된 자료에 의하면 6.3~7.3% 정도로 알려져 있다. 그러나 우리나라에 많이 분포하는 단풍나무 종류에 대한 알레르기 결과에 대하여는 좀 더 조사가 필요할 것으로 보인다.

네군도단풍 꽃 촬영 4월 13일
꽃은 긴 꽃자루에 매달려 암수딴그루, 황록색으로 잎보다 먼저 피고, 수꽃은 산방화서에 달리며, 암꽃은 총상화서에 달린다.

네군도단풍 잎과 열매 촬영 대전 한밭수목원
잎은 우상복엽이며, 잎자루는 길고, 소엽은 3~5장이다. 소엽은 난형 또는 타원상 피침형이고, 길이 10cm로서 끝은 매우 뾰족하고 가장자리에는 대개 톱니가 있다. 열매는 시과이다.

복자기 *Acer triflorum* 에이서 트라이플로룸

단풍나무과 Aceraceae 단풍나무속 Acer

산지 숲속에서 높이 10m 정도로 자라는 나무로 잎은 마주나며 3출 겹잎, 작은 잎은 타원상 피침형으로
길이 5~10cm이고 2~3개의 큰 톱니가 있다.
복자기는 단풍나무 중에서도 색이 곱고 진하여 조경수, 관상용으로 많이 심는다. 우리나라 중부 이북에
나며 러시아, 중국 동북부 등에 분포한다.

복자기 단풍
잎은 하나의 잎자루에서 완전히 분리된 3개의 잎이 나오는 3출 겹잎이고, 가을이면 진하고 곱게 단풍이 들어 관상용으로 많이 식재한다.

복자기 꽃과 열매

꽃은 4~5월에 피는데 단풍나무는 대체로 꽃이 필 때 열매의 모양이 형성되어 나온다.

열매는 시과이고, 9~10월에 익으며 겉에 회갈색 털이 있다.

신나무 *Acer tataricum* subsp. *ginnala*

에이서 타타리쿰

단풍나무과Aceraceae 단풍나무속*Acer*

신나무는 낙엽 활엽 키 작은 나무로 줄기는 높이 8m에 이르며, 잎은 마주나며 길이 4~8cm로 세모지고 끝이 뾰족하며 표면에 광택이 난다. 잎 가장자리에 불규칙한 톱니가 있고 밑부분이 3갈래로 얕게 갈라 진다. 한반도 전역에 분포하며 산에서 종종 볼 수 있는 우리나라 고유종이다.

신나무 잎과 열매
잎은 세모지고 가장자리에 불규칙한 톱니가 있다.

신나무 꽃 촬영 4월 22일

꽃은 4~6월에 피는데 가지 끝에 산방꽃차례로 달리고 황백색이며 향기가 있다. 꽃잎은 5장, 암술 1개, 수술은 8~9개이다.

잎은 마주나며 길이 4~8cm로 세모지고 끝이 뾰족하며 표면에 광택이 난다. 잎 가장자리에 불규칙한 톱니가 있고 밑부분이 3갈래로 갈라진다.

고로쇠나무 *Acer pictum* subsp. *mono*

에이서 픽툼

단풍나무과Aceraceae 단풍나무속Acer

낙엽 큰키나무로 높이 10~30m이다. 잎은 마주나며 손바닥 모양인데 보통 5~7갈래로 갈라지고, 가장자리는 밋밋하다. 우리나라 전역에 나며, 중국 중부, 일본, 러시아에도 분포한다.

고로쇠나무는 수액을 채취하여 건강음료로 판매하기도 하는 나무이다. 뼈에 이롭다는 '골리수(骨利水)' 란 한자어에서 '고로쇠'가 유래되었다고 한다.

고로쇠나무 꽃 촬영 4월 13일
꽃은 4~5월에 새 가지 끝에 산방꽃차례에 피며, 노란빛이 돈다. 꽃받침잎과 꽃잎은 각각 5장이다.

고로쇠나무 촬영 4월 18일 남한산성
낙엽 큰키나무로 높이 10~30m이다.

고로쇠나무 잎
잎은 마주나며, 손바닥 모양인데 보통 5~7갈래로 갈라지고, 가장자리는 밋밋하다. 잎 앞면은 진한 녹색으로 매끈하며, 뒷면은 연한 녹색이다.
열매는 시과이며, 길이는 2~3cm이다.

우산고로쇠나무 *Acer okamotoanum* 에이서 오카모토아눔

단풍나무과Aceraceae 단풍나무속*Acer*

고로쇠나무는 우리나라 전국 산지에 널리 자라는 데 비하여 우산고로쇠는 우리나라 울릉도가 자생지로
명칭도 울릉도의 옛 이름인 '우산국'에서 연유해 붙여졌다 한다.
울릉도 우산고로쇠는 수액에서 단맛이 나고 사포닌 성분이 함유돼 인삼 향과 홍삼 맛이 난다고 한다.

우산고로쇠 꽃 촬영 4월 1일

우산고로쇠 수액 채취 모습 촬영 3월 10일 울릉도

우산고로쇠 꽃

꽃은 연한 황색으로 피며 새 가지 끝에 취산상 원추꽃차례로 달린다. 꽃받침과 꽃잎은 각각 5개이고 수술은 8개이다. 우산고로쇠는 고로쇠의 변종으로 보기도 하며, 섬고로쇠라고도 한다.

당단풍나무 *Acer pseudosieboldianum* 에이서 슈도-시볼디아눔

단풍나무과 Aceraceae 단풍나무속 *Acer*

낙엽 큰키나무로 줄기는 높이 10~20m이다. 잎은 마주나며 손바닥 모양으로 9~11갈래로 갈라지고 주로 강원도 설악산에서 중부지방까지 볼 수 있다.

잎은 마주나며 손바닥 모양으로 9~11갈래로 가운데까지 갈라지고, 길이와 폭은 10cm쯤이다.

중국단풍나무 *Acer buergerianum* 에이서 뷰어저리아눔

단풍나무과 Aceraceae 단풍나무속 *Acer*

중국 원산이며 가로수, 공원수 등 관상용으로 식재하는 낙엽 큰키나무로 높이 20m 정도로 자란다. 수피
는 겹겹이 잘게 갈라지고 껍질처럼 떨어진다. 잎은 3개의 열편으로 갈라진다.

07

연복초과 Adoxaceae

The moschatel family

딱총나무속 *Sambucus* 삼부쿠스

연복초과 Adoxaceae 딱총나무속 *Sambucus*

딱총나무속(Sambucus)에는 전 세계적으로 30여 종이 있는데 우리나라에는 7종이
있는 것으로 알려져 있다.

딱총나무 *Sambucus williamsii* var. *coreana*
캐나다 딱총나무 *Sambucus canadensis*
넓은잎딱총나무 *Sambucus latipinna*
덧나무 *Sambucus sieboldiana*
말오줌나무 *Sambucus sieboldiana* var. *pendula*
지렁쿠나무 *Sambucus sieboldiana* var. *miquelii* 등

딱총나무 *Sambucus williamsii* 삼부쿠스 윌리암시

(영) **Korean elder** | 연복초과 Adoxaceae 딱총나무속 *Sambucus*

딱총나무는 낙엽 활엽 관목으로 반그늘지고 습한 산골짜기에 자라며 우리나라 전국에 분포하고 일본, 중국, 극동 러시아 등지에도 자란다.

딱총나무는 우리나라에서 예로부터 접골목이라 하여 타박상이나 골절에 통증을 완화하고 부기를 줄여 준다 하여 약용으로 사용한 나무이며 새싹은 식용으로도 사용하였다. 서양에서도 딱총나무를 오래전부터 식용 또는 약용하였으며 꽃과 잎은 통증 완화, 소염제, 이뇨제 등으로 사용하였다. 열매는 주스, 잼, 파이, 와인 등 여러 용도로 쓰이고 있다.

딱총나무 열매 촬영 6월 27일 서울 홍릉수목원
딱총나무 열매는 핵과로 공 모양이며 6~7월에 익는데 우리나라 딱총나무 열매는 붉게 익고, 유럽딱총나무 열매는 검게 익는다.

딱총나무 꽃 촬영 4월 12일 홍릉수목원
꽃은 4~5월에 피고 가지 끝에 원뿔 모양의 원추꽃차례를 이룬다. 꽃밥은 황색이다. 잎은 마주나고 홀수깃꼴겹잎으로 소엽은 5~7개이며 긴 타원형이고 끝은 뾰족하며 가장자리에 톱니가 있다.

딱총나무 수형과 꽃

딱총나무는 높이 3m까지 이르며 나무껍질은 암갈색이며 코르크질이 발달하고 길이 방향으로 깊게 갈라진다. 일년생 가지는 연한 초록빛이며 마디 부분은 보라색을 띤다.

캐나다딱총나무 *Sambucus canadensis* 삼부쿠스 캐나댄시스

(영) American black elderberry, Canada elderberry | 연복초과 Adoxaceae 딱총나무속 *Sambucus*

북아메리카 원산으로 캐나다, 미국 등 북반구 온대에 분포한다. '미국딱총나무'라고도 부른다. 영어로 엘더(elder)라 불리며, 열매는 엘더베리(elderberry)라 불린다. 우리나라에서 딱총나무는 산에서 드물게 발견되는 식물이지만, 유럽이나 미국 등지에서는 서양딱총나무(American black elderberry, European black elderberry) 열매인 엘더베리를 수확하기 위하여 농장에서 대단위 재배를 하는 것으로 알려져 있다. 꽃이 산방꽃차례로 달리고, 열매가 흑자색인 점에서 우리나라 딱총나무와 구별된다.

캐나다딱총나무 열매 촬영 7월 26일
열매는 핵과 구형인데 7~9월에 자줏빛이 도는 검은색으로 익는다.

캐나다딱총나무 꽃 핀 모습 촬영 6월 21일
꽃은 양성화이고, 5~7월에 가지 끝에 산방꽃차례로 흰색으로 핀다.

캐나다딱총나무

낙엽 활엽 떨기나무이며 높이 3~4m로 자란다. 잎은 마주나며 1~2회 깃꼴겹잎이며 5~11장이 달린다. 전국의 정원, 공원에 관상용으로 식재한다. 열매는 새들도 잘 먹는다.

●〈참고〉서양딱총나무*Sambucus nigra*(elder, elderberry, European black elderberry)는 캐나다딱총
  나무와 서로 밀접한 연관성이 있는 것으로 본다.

딱총나무 꽃가루 알레르기 영향 (Elder)

필자가 진료를 담당하였던 이비인후과 의원에서 비염 증세로 내원한 환자를 대상으로 2008년부터 2015년까지 8년 동안 3,423명의 환자를 알레르기 피부반응검사를 한 결과, 딱총나무(elder)는 7.4%의 양성반응을 보여 다른 꽃가루 알레르기에 비교하여 중간 수준의 알레르기 항원성을 나타내었다. 〈참고〉 부록: 알레르기 비염 환자의 피부단자검사에서 통계학적 분석을 통한 교차반응에 대한 연구

딱총나무 꽃가루 알레르기에 대한 필자의 생각

딱총나무속(Sambucus)에는 우리나라에 딱총나무뿐만 아니라 덧나무(S. racemosa subsp. sieboldiana), 지렁쿠나무(S. racemosa subsp. kamtschatica), 말오줌나무(S. pendula) 등이 있으며, 대체로 키작은 관목으로 꽃가루 알레르기 관점에서 볼 때 딱총나무는 개암나무를 산에서 발견하고 느낀 소감하고 비슷한 느낌을 받았다. 특히 우리나라에서는 특별히 딱총나무를 재배하는 지역이 아니면 산에서 간혹 볼 수 있는 나무로, 필자가 느끼기에 우리나라에서 자생하여 날리는 꽃가루 양은 그리 많아 보이지는 않는다.

그러나 우리나라와 달리 서양딱총나무(American(European) black elderberry)는 유럽이나 미국 등 다른 나라에서 딱총나무 열매인 엘더베리(elderberry)를, 그리고 개암나무는 헤이즐넛(hazel nut)을 생산하기 위하여 농장에서 대단위 재배를 하는 것으로 알려져 있다. 이들 국가에서는 지역에 따라 딱총나무나 개암나무 꽃가루가 알레르기의 원인이 될 수 있을 것으로 추측된다.

08

버즘나무과
Platanaceae

버즘나무속 *Platanus* 플라타너스

(영) plane tree, sycamore | 버즘나무과 Platanaceae 버즘나무속 Platanus

버즘나무속은 버즘나무과의 유일한 속이며 전 세계에 분포하는 버즘나무속(*Platanus*)에는 10종이 있다. 우리나라에는 서남아시아 및 남유럽 원산인 버즘나무(*P. orientalis*), 북미 원산인 양버즘나무(*P. occidentalis*)와 두 종의 잡종인 단풍버즘나무(*P. × hispanica*) 등 3종이 식재되어 자란다.

양버즘나무, 버즘나무, 단풍버즘나무 중에서 양버즘나무(*P. occidentalis*)를 일반적으로 '플라타너스'라 부른다.

양버즘나무 *Platanus occidentalis*
버즘나무 *Platanus orientalis*
단풍버즘나무 *Platanus × hispanica*

양버즘나무 *Platanus occidentalis* 플라타너스 옥시덴탈리스

버즘나무과 Platanaceae 버즘나무속 *Platanus*

플라타너스는 '버즘나무', '방울나무'라고도 부르는데, 한 종류의 나무를 보는 관점에 따라 부르는 이름이 다양하다. '버즘나무'라는 이름은 살갗에 버즘이 핀 것처럼 나무껍질이 얼룩덜룩 벗겨지기 때문이고, '방울나무'는 나무 열매가 동그랗게 방울로 매달려서인 것으로 보인다. '플라타너스'라는 이름은 나뭇잎이 무척 넓고 커서 지어진 것으로 보이는데, 이 중에서 우리나라 정식 국명은 '양버즘나무'이다.

플라타너스는 북아메리카 원산이며 공원이나 도로변에 가로수나 녹음수로 식재하는 낙엽 활엽 큰키나무로 높이 50m, 지름 1m가량 자란다. 전 세계에서 식재하고 우리나라 전역에도 식재되어 있다.

플라타너스 꽃과 열매 촬영 4월 12일
플라타너스의 꽃과 열매는 모두 둥근 방울 모양이다. 꽃은 4~5월에 암수한그루에 피는데 공 모양의 머리모양꽃차례를 이룬다. 수꽃은 가지 옆에 달리고, 암꽃은 가지 끝에 달린다. 열매는 지름 3cm 정도의 공 모양을 이루어 1~2개씩 달리며, 9~10월에 익는다.

플라타너스 암꽃과 수꽃

플라타너스의 암꽃과 수꽃도 방울 모양이다. 수꽃은 새로 자란 가지 잎겨드랑이에 매달리고, 암꽃은 가지 끝에서 방울 모양으로 달린다. 수꽃은 꽃가루를 다 날린 후 떨어지고, 암꽃은 성장하여 이듬해 봄철에 꽃씨를 날린다. 봄철에 날리는 털이 달린 꽃씨를 꽃가루로 착각하는 경우가 많다.

양버즘나무 꽃가루 알레르기 영향
(Platanus)

필자가 진료를 담당하였던 이비인후과 의원에서 비염 증세로 내원한 환자를 대상으로 2008년부터 2015년까지 8년 동안 3,423명의 환자를 알레르기 피부반응검사를 한 결과, 플라타너스(plane tree)는 7.7%의 양성반응을 보여 다른 꽃가루 알레르기에 비교하여 중간 수준의 알레르기 항원성을 나타내었다.

〈참고〉부록 | 알레르기 비염 환자의 피부단자검사에서 통계학적 분석을 통한 교차반응에 대한 연구

플라타너스 잎과 수피

잎은 마주나며 넓은 난형으로 3~5개로 얕게 갈라지고, 폭 10~20cm, 가장자리는 밋밋하거나 드문드문 톱니가 있다. 나무껍질은 어두운 갈색으로, 세로로 갈라지며 작은 조각으로 떨어져 얼룩덜룩한 반점처럼 보인다.

플라타너스 가로수

플라타너스는 넓은 잎을 통하여 도시의 오염된 공기와 매연을 빨아들이는 공기 정화 기능이 있어 세계 각지의 도시에서 가로수로 많이 심는다고 한다. 우리나라에서도 도시에 플라타너스 가로수를 많이 심어서 관리한다. 그러나 무성하게 자란 커다란 잎이 가을철 태풍에 엄청나게 떨어져 도시의 하수구를 막아 홍수 피해를 유발하기도 하고, 지나치게 자란 가지는 교통에 방해가 되기도 하는 등 관리가 힘들어 요즘은 다른 수종으로 많이 교체한다고 한다. 서울시 자료에 의하면 1980년대 가로수 수종으로서 약 40%대에 이르던 플라타너스는 2018년에는 전체 서울시 가로수 약 30만 6,000여 그루 중 6만 6,183(21.6%) 그루로 비교적 많은 수의 플라타너스가 감소하였다. 그만큼 은행나무, 느티나무 등 다른 수종으로 교체되었다.

플라타너스 종류

양버즘나무 *Platanus occidentalis*

양버즘나무는 북아메리카 동부가 원산지인 거대한 교목으로 흔히 플라타너스로 불린다. 우리가 주변에서 가로수로 보는 나무는 대개 이 양버즘나무이다.
미국에서는 '*Platanus occidentalis*'를 'American Sycamore', 'Sycamore' 또는 'plane tree'라고도 부른다.

버즘나무 *Platanus orientalis*

버즘나무는 서아시아에서 지중해 지방에 이르는 지역이 원산지인 나무이다. 열매는 긴 자루에 3~4개가 매달린다.

단풍버즘나무 *Platanus×hispanica*

유럽에는 '*Platanus acerifolia*'를 'London plane' 혹은 'European plane'이라고도 부른다. 양버즘나무와 버즘나무의 교배종으로 이 나무는 런던의 가로수로서 흔하게 볼 수 있는 나무라 한다.

09

물푸레나무과 Oleaceae

물푸레나무과는 주로 북반구의 온대와 난대에 분포하고 있으며, 전 세계적으로 27속 600여 종이 알려져 있다.

우리나라에서 흔히 볼 수 있는 물푸레나무과 식물에는 개나리, 영춘화 등 봄맞이꽃이 피는 나무들과 라일락, 금목서, 은목서, 쥐똥나무 등 향기가 좋은 꽃이 피는 식물, 그리고 가로수로 많이 식재하는 이팝나무, 전국의 산야에서 흔히 볼 수 있는 물푸레나무, 우리나라 특산 고유종으로 알려진 미선나무 등이 있다.

물푸레나무과(Oleaceae)의 명칭을 학명에 따른 어원으로 보면 물푸레나무속 'Fraxinus'보다는 올리브나무속 'Olea'에 기준이 있어 올리브나무과(Oleaceae)로 명칭을 정하는 것이 더 적합하다고 생각된다. 그렇지만 우리나라에는 올리브나무가 자생하지 않아 'Oleaceae'를 '물푸레나무과'로 정한 것으로 생각되나, 뭔가 어색하고 혼동을 주는 느낌이다.

이 책에서는 알레르기 검사를 하는 물푸레나무뿐만 아니라 우리나라에 널리 분포하는 물푸레나무과 다른 식물들에 대하여도 간략하게 소개하였다.

물푸레나무속 *Fraxinus*　　　　수수꽃다리속 *Syringoa*
개나리속 *Forsythia*　　　　　미선나무속 *Abeliophyllum*
영춘화속 *Jasminum*　　　　　이팝나무속 *Chionanthus*
쥐똥나무속 *Ligustrum*　　　　목서속 *Osmannthus*

물푸레나무	들메나무	수수꽃다리(라일락)
미스김라일락	개회나무	금목서
은목서	미선나무	쥐똥나무
개나리	이팝나무	영춘화

물푸레나무 *Fraxinus rhynchophylla* 프락시누스 린코필라

(영) ash | 물푸레나무과 Oleaceae 물푸레나무속 *Fraxinus*

물푸레나무는 낙엽 활엽 큰키나무로 줄기는 높이 10m에 이른다. 우리나라 전국 산지에 분포하고, 나뭇
가지를 꺾어 물에 담가두면 물이 푸른색으로 변하여 물푸레나무라 이름 지었다 한다.
목재는 성질이 질기면서 잘 휘는 탄성이 있어 농기구의 자루나, 연장 손잡이 등에 많이 쓰였으며 지금
도 사용되고 있다. 옛날에는 죄인을 다루는 곤장을 만드는 재료로도 많이 사용된다고 한다. 요즘은 야
구방망이 같은 운동기구뿐만 아니라 식탁, 의자, 침대 등 가구재로 주로 사용하는 것으로 알려져 있다.
한국, 중국 동북부, 일본 등에 분포한다.

물푸레나무 꽃 촬영 4월 18일

물푸레나무 꽃가루 알레르기 영향 (Ash)

물푸레나무과 식물 중에 일반적으로 꽃가루 알레르기 검사를 하는 항목은 물푸레나무(Ash) 하나로, 필자가 진료를 담당하였던 이비인후과 의원에서 비염 증세로 내원한 환자를 대상으로 2008년부터 2015년까지 8년 동안 3,423명의 알레르기 피부반응검사를 한 결과, 물푸레나무는 4.9%의 양성반응을 보여 다른 꽃가루 알레르기에 비하여 비교적 약한 알레르기 양성률이 나타났다. 〈참고〉 부록: 통계학적 분석을 통한 교차반응에 관한 연구.

물푸레나무

물푸레나무는 풍매화이며 꽃은 4~5월에 새 가지에서 원추꽃차례로 달린다. 꽃받침은 4갈래로 갈라지며, 꽃잎은 없다. 물푸레나무는 꽃잎 없이 꽃이 피어 수술(꽃밥)이 작은 씨앗이 매달린 것처럼 보인다.

물푸레나무 열매와 수피

줄기는 높이 10m에 달하며, 수피는 회색을 띠며 불규칙한 흰색의 무늬가 있다. 잎은 마주나며 5~7장의 작은 잎으로 된 겹잎이다. 작은 잎은 넓은 난형 끝이 뾰족하고 가운데 작은 잎이 가장 크다. 잎 뒷면은 맥 위에 갈색 털이 많다. 열매는 시과(翅果)이고 9월에 익는다. 열매의 날개는 피침 모양으로 길쭉하다.

들메나무 *Fraxinus mandshurica* 프락시누스 맨슈리카

물푸레나무과 Oleaceae 물푸레나무속 *Fraxinus*

깊은 산의 골짜기나 냇가에 자라는 큰키나무로 높이 30m, 지름 2m까지 자란다. 들메나무는 물푸레나무
와 수형이 비슷하고 우리나라 전역에 자생한다.

들메나무와 물푸레나무 수피 비교
들메나무 수피는 어려서부터 세로로 갈라짐이 있으며 물푸레나무와 같은 흰색의 얼룩무늬가 덜하다.

들메나무와 물푸레나무 잎 비교
물푸레나무와 들메나무 잎은 마주나며, 들메나무는 작은 잎이 9~11장이고, 물푸레나무는 작은 잎이 5~7개로 들메나무보다 적
다.

수수꽃다리 *Syringa oblata* var. *dilatata*

시린가 오블라타

(영) Korean lilac | 물푸레나무과 Oleaceae 수수꽃다리속 Syringa

'라일락 꽃향기 맡으며~우~우~'라는 노래 가사처럼 라일락으로 널리 알려진 수수꽃다리는 향기가 매혹적이며 매우 강하다. 우리나라에 자생하고 주변 정원이나 공원에 흔히 식재하는 낙엽활엽수이다. 흔히 수수꽃다리와 라일락을 같은 식물로 취급하나, 식물 분류에 있어서는 동유럽 원산의 '*Syringa vulgaris*'를 라일락으로 별도 구분하여 학명이 다르다.

수수꽃다리 촬영 4월 20일
주로 연한 보라색 꽃이 피지만 원예종으로 개량되어 흰색 꽃을 피우는 수수꽃다리도 종종 볼 수 있다.

수수꽃다리

꽃은 4~5월에 작년 가지 끝에 원추꽃차례로 달리는데 향기가 강하게 난다. 꽃받침과 꽃부리는 4갈래로 갈라지고, 열매는 원통 모양의 타원형 삭과이며, 길이 9~15mm로 9~10월에 익는다.

미스김라일락
Syringa pubescens subsp. *patula* 'Miss Kim'
시린가 퍼브센스

물푸레나무과 Oleaceae 수수꽃다리속 *Syringa*

미스김라일락은 키 작은 관목으로 보라색 꽃봉오리가 필 때 진한 향기가 난다. 주로 관상용으로 재배한다.

미스김라일락 주로 연한 보라색 꽃이 피지만 원예종으로 개량되어 흰색 꽃을 피우는 수수꽃다리도 종종 볼 수 있다.

미스김라일락 꽃 핀 모습 촬영 5월 1일 대전 한밭수목원
미스김라일락은 키 작은 관목으로 잎은 타원형이고, 꽃은 4~5월에 피는데 진한 보라색 곤봉 모양의 꽃봉오리가 만개하면서 매혹적인 향기가 난다.

미스김라일락 유래
해방 후 미국 군정청 소속 식물연구가 엘윈 M. 미더(Elwin M. Meader)가 1947년에 서울 도봉산에서 털개회나무의 종자를 채취하여 미국으로 가져가 개량해서 신품종을 만들었다. 당시 식물 자료 정리를 도왔던 한국인 타이피스트 미스 김의 성을 따서 미스김라일락(Miss Kim Lilac, Syringa patula 'Miss Kim')이라는 이름을 붙였다고 한다. 그 후 1970년대에 우리나라로 수입되어 주로 관상용으로 심는다.

개회나무 *Syringa reticulata* subsp. *amurensis*

시린가 레티큘래타

물푸레나무과 Oleaceae 수수꽃다리속 *Syringa*

개회나무 꽃 촬영 6월 4일
산골짜기에 비교적 드물게 자라며 줄기는 높이 4~6m 정도이다. 잎은 마주나며, 난형이고 가장자리가 밋밋하다. 꽃은 6~7월에 피는데 지난해 가지 끝에서 원추꽃차례로 달리며 흰색이다. 꽃받침, 꽃부리는 4갈래로 깊게 갈라진다. 제주도를 제외한 우리나라 전역에 나며, 중국 동북부에도 분포한다.

금목서 *Osmanthus fragrans* var. *aurantiacus*

오스만투스 후래그랜스

물푸레나무과 Oleaceae 목서속 *Osmanthus*

금목서는 정원에 심어 기르는 상록 활엽 키 작은 나무로 가을에 은은한 향기가 나는 꽃이 핀다. 잎은 마주나며, 타원형이고 가장자리는 거의 밋밋하다. 중국 원산으로 추위에 약하여 우리나라의 따뜻한 남부 지역에서 관상용으로 식재한다.

금목서 촬영 10월 6일

은목서 *Osmanthus × fortunei* 오스만투스 x 포투나이

물푸레나무과 Oleaceae 목서속 *Osmanthus*

목서(*Osmanthus fragrans*)와 구골나무(*O. heterophyllus*)의
잡종이며 금목서와 같이 향기가 좋다. 추위에 약하여 우리
나라에서는 남부지방에 조경수로 식재한다.

은목서 촬영 10월 6일
늘푸른 상록수로 키 작은 나무이다. 잎은 마주나고 홑잎이며 가장자리는 빗살모양이거나 톱니가 있고 끝이 가시처럼 된다. 꽃은
흰색이고 네 갈래로 갈라진다. 가을에 꽃이 피고 향기가 좋다.

미선나무 *Abeliophyllum distichum* 아벨리오필름 디스티컴

물푸레나무과 Oleaceae 미선나무속*Abeliophyllum*

우리나라 고유종으로 전 세계에서 우리나라에만 있는 희귀식물이다. 현재 자생지로 알려진 충북 괴산, 충북 영동, 전북 부안 등에 있는 미선나무 군락지는 천연기념물로 지정되어 있다.

부채 모양의 미선나무 열매 촬영 3월 26일
미선(尾扇)은 옛날에 대나무살과 명주로 만든 둥근 부채로, 미선나무의 열매가 바로 그 미선이라고 하는 부채의 모양과 비슷해서
이름 지어진 것이라 한다.

미선나무 꽃과 잎

높이 1~2m로 키 작은 관목이며, 꽃은 4갈래로 갈라지는 통꽃으로 흰색 또는 연한 분홍색이다. 꽃은 전년도에 형성되었다가 3~4월에 잎보다 먼저 핀다.

잎은 마주나고, 타원상 달걀 모양, 잎끝은 뾰족하거나 점차 뾰족해지고, 잎 밑은 둥글다.

열매는 날개가 있는 시과이며 원형에 가까운 타원형이고 길이와 폭이 약 2.5cm이다.

쥐똥나무 *Ligustrum obtusifolium* 리거스트룸 옵투시폴리움

(영) privet | 물푸레나무과 Oleaceae 쥐똥나무속 Ligustrum

낮은 산지의 숲 가장자리나 들에서 비교적 흔하게 자라는 낙엽 떨기나무이다.
생울타리용으로 심으며 우리나라 전역에 나며, 중국 동북부, 일본 등에 분포한다.
쥐똥이라는 이름이 이쁘지는 않지만 꽃 모양은 앙증맞으면서 향기롭고, 열매를 보면 이름의 유래가
금방 이해된다.

쥐똥나무 꽃 촬영 5월 20일

쥐똥나무 꽃과 열매 촬영 5월 20일

줄기는 높이 2∼3m이다. 잎은 마주나며, 타원 모양이고 가장자리가 밋밋하다. 꽃은 5∼6월에 피는데 작은 꽃이 많이 달리며, 흰색의 양성화이다. 열매는 핵과이며, 둥근 모양으로 10∼11월에 검은색으로 익는다.

개나리 *Forsythia koreana* 포시씨아 코레아나

물푸레나무과 Oleaceae 개나리속 *Forsythia*

개나리는 우리나라 고유 식물로 전국에 분포하는데, 흔히 정원과 길가에 관상용 또는 울타리용으로 식
재한다.

개나리
나리나리 개나리 입에 따다 물고요
병아리 떼 종종종 봄나들이 갑니다.

이렇게 봄나들이 동요처럼 겨우내 움츠렸던 몸을 풀고 봄나들이 가고픈 기운을 느끼는 시기에 개나리꽃이 활짝 핀다.

개나리 꽃 핀 모습 촬영 3월 22일

형태적 특성

줄기는 높이 2~5m, 가지가 늘어지며 점차 회갈색으로 된다. 꽃은 2~4월에 잎보다 먼저 피며, 잎겨드랑이에 1~3개씩 달리고 노란색이다. 꽃부리는 긴 종 모양 또는 깔때기 모양이며, 끝이 4갈래로 깊게 갈라진다. 열매는 삭과이나 잘 열리지 않는다.

영춘화 *Jasminum nudiflorum* 자스미눔 누디플로룸

물푸레나무과 Oleaceae 영춘화속 *Jasminum*

영춘화는 봄철 개나리꽃이 피는 시기와 비슷한 때에 꽃이 피거나 며칠 일찍 핀다.
중국 원산이며 관상용으로 주로 정원에 심어 기르고 봄맞이꽃나무라고도 한다.

영춘화 꽃 핀 모습 촬영 3월 23일

개나리와 영춘화 비교

개나리 줄기는 회갈색인 데 비하여 영춘화의 새로 난 줄기는 녹색이다. 개나리는 꽃잎이 4갈래로 나누어지는 데 비하여 영춘화는 5~6갈래로 나누어진다.

영춘화 줄기와 잎

이팝나무 *Chionanthus retusus* 쉬난투스 리투수스

물푸레나무과 Oleaceae 이팝나무속 *Chionanthus*

이팝나무는 최근 도로변 가로수로 심거나 공원에 관상용으로 많이 심어 2018년 서울시 자료에 의하면 서울 시내 가로수의 5.2%인 1만 6,000여 그루가 이팝나무이며, 점차 증가 추세에 있다고 한다.

이팝나무 촬영 2017년 5월 3일
봄철 공원에 심어진 이팝나무 꽃을 보면 함박눈이 나뭇가지에 수북이 쌓인 것같이 눈부시게 아름답다.

이팝나무 꽃과 열매

꽃은 5~6월에 피고, 꽃받침 꽃잎은 각각 4개이며 깊게 갈라진다. 열매는 타원형이고 9~10월에 흑색으로 익는다.

10
피나무과 Tiliaceae

피나무속 *Tilia* 틸리아

피나무과 Tiliaceae 피나무속 *Tilia*

피나무속(*Tilia*)에는 북반구 온대 지역에 약 30여 종이 분포
하며 우리나라에는 대표적으로 피나무(*T. amurensis*), 찰피나
무(*T. mandshurica*), 보리자나무(*T. miqueliana*), 염주나무 (*T.
megaphylla*) 등이 있다.

염주나무 열매
피나무속(Tilia) 어원에서 'Tilia'는
날개를 뜻하는 의미로 날개 같은
포가 꽃자루에 매달려 있다.

피나무 *Tilia amurensis* 틸리아 아무렌시스

(영) linden | 피나무과 Tiliaceae 피나무속 *Tilia*

피나무는 한국, 중국, 러시아 유럽 등에 분포하는 낙엽 교목으로 높이 20m 정도로 자라며 수피는 세로로
갈라진다. 피나무 학명(*Tilia amurensis*)에서 'Tilia'는 날개를 뜻하는 용어로, 날개 같은 포가 꽃자루에 있
으며 종소명 'amurensis'는 러시아의 '아무르' 지역이 원산지임을 말해준다.

피나무는 나무껍질, 목재, 꽃, 열매 등을 다양하게 쓰인다. 목재는 재질이 연하고 가공하기 쉬워 각종 나
무 조각 재료로 안성맞춤이며, 껍질은 섬유질이 질기고 물에도 내구성이 강하여 밧줄, 각종 노끈과 망태
기 만드는 데 유용하게 쓰인다.

피나무 꽃이 활짝 핀 모습 촬영 6월 15일
피나무 꽃은 향기가 은은하며 벌들이 매우 좋아하여 밀원식물로 이용되기도 한다.

피나무 꽃과 열매
꽃자루에 날개 같은 포가 매달려 있으며 꽃은 담황색으로 6~7월에 핀다. 열매는 지름 5~7㎜로 둥글며 8~9월에 익는다.

피나무 꽃가루 알레르기 영향 (Linden)

필자가 진료를 담당하였던 이비인후과 의원에서 비염 증세로 내원한 환자를 대상으로 2008년부터 2015년까지 8년 동안 3,423명의 알레르기 피부반응검사를 한 결과, 피나무는 5.7%의 양성반응을 보여 다른 꽃가루 알레르기에 비교하여 보통 이하의 알레르기 양성반응이 나타났다.

염주나무 *Tilia megaphylla* 틸리아 메가필라

피나무과 Tiliaceae 피나무속 *Tilia*

염주나무 열매는 염주를 만드는 데 쓰이고 종자가 구슬처럼 둥글다고 하여 '구슬피나무'라고도 부른다.

염주나무 열매 촬영 6월 14일
꽃자루에 날개 같은 포가 매달려 있으며, 꽃은 담황색으로 6〜7월에 핀다.

염주나무 열매

보리수나무에 대하여

우리나라 사찰 주변에 많이 심어져 보리수나무로 알려진 나무들은 대부분 염주나무, 피나무 등이다. 부처님이 보리수나무 아래에서 득도하였다 하여 소중히 여기는 보리수나무와는 다른 종류라 한다.

부처님과 관련된 보리수나무는 학명이 '*Ficus reliosa*'로 동남아 열대지역에서 자라는 상록 교목으로, 우리나라 보리수나무와는 다른 일종의 고무나무로 알려져 있다. 또한, 우리나라에도 정식 명칭이 보리수나무인 것이 있는데 이는 보리수나무과(Elaeagnaceae)에 속하는 나무로 학명은 '*Elaeagnus umbellata*'로 보리똥나무 등의 여러 이름으로 불리고 있다. 이렇게 우리나라에서는 여러 다른 나무들이 보리수나무 명칭으로 혼용되어 사용되고 있다.

11

콩과 Fabaceae

아까시나무속 *Robinia*

아까시나무
Robinia pseudoacacia 로비니아 슈다케이시아

(영) black locust, false acacia | 콩과 Fabaceae   아까시나무속 *Robinia*

아까시나무는 콩과에 속하는 관속식물이며 산이나 들에 자라는 낙엽 큰키나무이다. 높이 25m 정도 자라고 나무껍질은 황갈색이며 세로로 갈라진다. 북아메리카 원산이며 전국에 야생화하여 자란다.

어릴 때 많이 듣던 '과수원길' 노래 가사에 나오듯 아까시나무 꽃은 향긋한 꽃냄새가 5월 시골길을 향기로 가득 채워주던 꽃이다. 다만 이 노래 가사에 나오는 '아카시아'라는 노랫말은 '아까시나무'를 잘못 부른 것이다.

아까시나무 꽃 촬영 5월 5일
우리나라에서 흔히 아까시나무를 '아카시아'로 부르는데, 아카시아(Acasia)는 미모사아과(Mimosoideae)의 아카시아속에 속하는 식물이다.

아까시나무 꽃 촬영 5월 10일

형태적 특성

꽃은 5~6월에 피는데 햇가지의 잎겨드랑이에서 나오고 꽃차례 길이는 10~20cm이다. 꽃부리는 나비
모양이며 길이 1.5~2.0cm, 흰색이다. 잎은 어긋나며 홀수 1회 깃꼴겹잎이고, 작은 잎은 9~19장이며 타
원형으로 길이는 2.5~4.5cm이다.

아까시나무 가시와 열매
아까시나무는 콩과식물로 열매는 콩 열매와 같은 협과(莢果)로 꼬투리열매라고도 한다. 긴 타원형이고 길이는 5~10cm이며, 납작하고 9~10월에 익는다. 잔가지는 턱잎이 변한 가시가 많다.

아까시나무 꽃가루 알레르기 영향 (Black Locust)

필자가 진료를 담당하였던 이비인후과 의원에서 비염 증세로 내원한 환자를 대상으로 2008년부터 2015년까지 8년 동안 3,423명의 알레르기 피부반응검사를 한 결과, 아까시나무는 6.2%의 양성반응을 보였다.

아까시나무 효용성

아까시나무는 꽃향기가 강한 대표적인 밀원식물로 우리나라 꿀 생산의 70%를 차지할 정도로 양봉에 중요하다. 이산화탄소를 흡입하여 공해 감소에 유익하며, 질소 고정 효과가 있어 토양에 유익한 것으로도 밝혀졌다. 그뿐만 아니라 목재가 단단하고 부식에도 강한 훌륭한 나무이다. 그러나 우리나라에서는 한동안 아까시나무에 대한 오해로 그동안 많이 베어져서 국내 양봉산업에 큰 영향을 줄 정도라 한다. 최근 들어 산림청에서는 아까시나무에 대한 정보를 제대로 알리고 국유림에 아까시나무 심기를 하는 것으로 알려져 있다.

12
가래나무과 Juglandaceae

가래나무속 *Juglans*

가래나무
Juglans mandshurica 저글란스 맨슈리카

가래나무과 Juglandaceae 가래나무속 *Juglans*

가래나무는 우리나라 중부 이북의 해발 100~1,500m 사이의 산기슭과 산 중턱에 자라는 낙엽 큰키나무이며 키는 20m까지 자란다. 봄철에 꽃가루를 많이 날리는 것으로 알려져 있다. 우리나라 충청북도, 강원도 이북에 나며, 중국 동북부, 러시아 극동지방에 분포한다. 산추자나무라고도 한다.

가래나무 꽃 촬영 4월 30일 남한산성 둘레길
가래나무 꽃은 4~5월에 암수한그루에 피며 꼬리 모양 꽃차례를 이룬다. 수꽃이삭은 길고 여러 개의 꽃이 달린다. 암꽃이삭은 짧고 꽃이 4~5개 달리는데, 암술머리가 붉게 2갈래로 갈라진다.

가래나무 열매 촬영 9월 5일
잎은 홀수깃꼴겹잎이며, 작은
잎은 7~17장으로 호두나무의
5~7장보다 많고, 길이 7~28cm,
폭 10cm쯤이다. 열매는 9월에
익으며, 겉에 털이 많은 달걀 모
양 핵과인데, 바깥 껍데기 속에
호두처럼 단단한 안쪽 껍데기가
있다. 안쪽 껍데기 속에 들어 있
는 씨앗은 먹을 수 있다.

호두나무 *Juglans regia* var. *orientalis* 저글란스 리지아

가래나무과 Juglandaceae 가래나무속 *Juglans*

가래나무과 가래나무속에 속하는 관속식물로 중국 원산이며 낙엽 큰키나무로 높이 10~20m 정도로 자란다. 우리나라 중부 이남에서 주로 식재하고, 동아시아, 유럽, 북미 등 북반구 온대에서 재배하는 것으로 알려져 있다.

호두나무 촬영 4월 19일
꽃은 **4~5**월에 암수한그루에 핀다. 수꽃이삭은 전년도 가지의 잎겨드랑이에 달리며, 길이 **15~30cm**, 암꽃이삭은 햇가지 끝에 달리며, **1~4**개의 암꽃이 모여난다.

호두나무 촬영 6월 21일 충남 공주
열매는 견과로 육질의 껍질에 싸여 있는 핵과 모양이며, 9~10월에 익는데 둥글고 표면에 털이 없다. 잎은 작은 잎 5~7장으로 된 홀수깃꼴겹
잎이다. 이 종은 열매가 둥글고, 털이 없는 점에서 난형으로 샘털이 많은 가래나무와 구별된다. 또한 가래나무에 비해 작은 잎은 7장 이하이고,
톱니가 없으며 열매는 4칸으로 나뉘므로 구별된다.

호두나무 꽃가루 알레르기 영향

우리나라 호흡기 알레르기 환자의 약 7% 정도
가 호두나무 꽃가루에 양성반응을 보인 결과가
보고되었다. 호두나무는 식용으로 재배하는 곳
이 있으므로 식물의 분포지역에 따라 알레르기
반응에 차이가 있을 것으로 생각된다.

호두과자

우리나라의 웬만한 고속도로 휴게소에서는 호두과자를 판다. 간식으로 즐겨 먹는 호
두과자는 밀가루와 달걀, 설탕을 섞은 반죽에 호두와 팥을 앙금으로 사용하여 호두
모양의 틀에 부어 만드는데 맛도 좋고, 한입에 먹기에도 편하게 만든 영양가 높은
식품이다. 그러나 호두는 견과류 중 식품 알레르기를 흔히 일으키는 것으로 알려져
있다.

13
소나무과 Pinaceae

소나무과에는 전 세계적으로 12속 약 225종이 있으며 주로 북반구 온대에
분포하는 상록침엽수이다.

우리나라에 분포하는 소나무과 주요 수종은 다음과 같다.
소나무속 *Pinus* : 소나무, 리기다소나무, 백송, 반송, 잣나무, 스트로브잣나무, 섬잣나무 등
전나무속 *Abies* : 전나무, 구상나무, 분비나무 등
가문비나무속 *Picea* : 가문비나무, 검은가문비나무, 독일가문비나무, 종비나무 등
개잎갈나무속 *Cedrus* : 개잎갈나무(히말라야시다), 레바논시다 등
잎갈나무속 *Larix* : 일본잎갈나무, 유럽잎갈나무 등
솔송나무속 *Tsuga* : 솔송나무, 일본솔송나무 등

소나무과 솔방울(구화수)

소나무속 〉 잣나무

전나무속 〉 전나무

가문비나무속 〉 독일가문비나무

개잎갈나무속 〉 히말라야시다

●**솔방울** 소나무과 식물들은 솔방울이라 불리는 씨앗 주머니가 형성되는데, 이를 구화수
(strobilus)라 하며 송백류의 배우자체를 생산하는 특별한 생식구조를 말한다. 구화수에는
웅성구화수와 자성구화수가 있으며 소나무의 솔방울이 자성구화수이다.

소나무 촬영 한남대학교 교정
메마른 땅, 산등성이, 바위 틈에서도 꿋꿋하게 잘 살아나는 소나무의 생태적 특성은 상징적으로 많은 사람들의 사랑을 받는다. 특히 굽은 소나무는 아름다운 멋을 더한다.

소나무속 *pinus* 파이너스

소나무과 Pinaceae 소나무속 *Pinus*

소나무속에는 전 세계적으로 100여 종이 있으며 우리나라에서 흔히 볼 수 있는 소나무 수종으로는 소나무(*P. densiflora*), 리기다소나무(*P. rigida*), 백송(*P. bungeana*), 잣나무(*P. koraiensis*), 스트로브잣나무(*P. strobus*), 섬잣나무 (*P. parviflora*) 등이 있다.

소나무는 우리나라에서 대체로 4~5월에 꽃가루가 날리는데, 알레르기 꽃가루 중에서는 소나무 꽃가루 양이 가장 많이 날리는 것으로 알려져 있다.

소나무 꽃가루를 일반적으로 '송화(松花)가루'라고 부르는데 사실 소나무는 겉씨(나자)식물로 밑씨가 씨방에 둘러싸여 있지 않고 겉으로 드러나 있는 식물이다. 이러한 겉씨식물은 꽃의 기본 구성요소인 꽃받침, 꽃잎뿐만 아니라 암술, 수술도 없는, 꽃이 피지 않는 식물이다.

이렇게 소나무를 비롯한 전나무, 가문비나무, 잎갈나무 등 소나무과 식물들과 은행나무, 소철 등 겉씨식물들은 꽃이 피지 않고 특수하게 발달한 '웅성구화수'라는 곳에서 웅성배우자체인 폴렌(pollen)이 형성된다. 이것이 자성구화수에 있는 밑씨에 도달하여 수정이 되고 씨앗을 맺는다. 즉 웅성배우자체가 꽃가루 역할을 하고 있지만, 엄밀히 말하면 꽃이 피는 다른 식물처럼 꽃이 피어 생기는 꽃가루는 아닌 것이다.

하지만 이 책은 꽃가루 알레르기에 대하여 다루므로, 독자들의 혼동을 피하기 위하여 엄격한 학문적 용어보다는 일반적으로 많이 알려져 있는 꽃가루라는 용어로 표기하였다.

소나무 꽃가루 알레르기 영향 (Pine)

그동안 소나무 꽃가루의 알레르기 항원성은 약한 것으로 알려져 있어 알레르기 피부 반응검사에서 제외된 경우가 많았다. 그러나 최근에는 소나무 꽃가루 알레르기 양성 반응률이 증가하는 것으로 알려져 있고, 보고에 의하면 우리나라에서 소나무 꽃가루에 대한 알레르기 양성률은 약 7% 정도로 알려져 있다. 소나무는 우리나라 산림에서 차지하는 비율이 상당히 높고 꽃가루 양도 가장 많아 소나무 꽃가루 알레르기에 대하여 앞으로도 지속적으로 더 조사가 필요할 것으로 판단된다.

소나무 *Pinus densiflora* 파이너스 덴시플로라

소나무과 Pinaceae   소나무속 *Pinus*

우리나라 사람들의 소나무 사랑

소나무는 솔, 솔나무로 부르기도 하는데 '솔'은 '으뜸' '우두머리'의 의미가 있어 나무의 으뜸이라는 뜻이 있다. 또한 메마른 땅, 산등성이, 바위 틈에서도 꿋꿋하게 잘 살아난다. 그러다 보니 사람들은 소나무의 생태적 특성에 감정을 실어 동요나 가요에 소나무를 칭송하는 노래가 많다. 우리나라 애국가에도 소나무의 이러한 상징성을 비유하여 온갖 역경을 극복하고 꿋꿋하게 살아온 우리 민족의 기상을 표현하였다.

우리나라 사람들이 이렇게 소나무를 좋아하다 보니 주변에서 소나무 없는 공원이나 정원은 찾아보기 힘들 정도로 소나무는 흔히 볼 수 있다.

소나무 암구화수, 수구화수 촬영 5월 5일

소나무는 암수한그루, 겉씨식물로 수구화수에서 꽃가루(pollen)가 4~5월에 날린다. 폴렌을 생산하는 수구화수는 새로 난 가지 밑부분에 달리며 원통 모양으로 노란색이다. 밑씨(ovule)가 있는 암구화수는 애기솔방울로 가지 끝에 달리며 진한 자주색, 흔히 수구화수 위쪽에 1~4개씩 달린다.

소나무 암구화수, 수구화수 근접 촬영
소나무 꽃가루는 수구화수에서 생성되어 애기솔방울인 암구화수에
날아가 수분받이가 이루어진다.

수구화수, 암구화수
수구화수는 소포자낭에 꽃가루(폴렌 입자)를 가득 담고 있다가 성숙하
면 소포자낭이 터지면서 꽃가루가 공기 중에 날려 암구화수의 밑씨에
달라붙어 수분받이가 이루어진다.

솔방울 성장 과정
폴렌(pollen)이 밑씨(ovule)를 만나 수분받이가 된 후 ⟳ 15개월 정도 지나 수정이 이루어진다. ⟳ 솔방울이 성숙하여 씨앗이 완성된 후 씨앗이
떨어져 날리고 솔방울도 떨어진다.

우리가 평소 보는 새까만 솔방울은 지난해에 수분받이가 된 솔방울이다. 소나무는 2년에 걸쳐서 씨앗을 맺는데 올해 봄에 날린 꽃가루는 암구
화수에 도달하여 수분이 되어도 이듬해까지 성숙기를 거쳐 씨앗을 맺는다.

백송 *Pinus bungeana* 파이너스 번지나

소나무과 Pinaceae 소나무속 *Pinus*

백송은 베이징을 비롯한 중국에만 자생하는 나무로 예로부터 궁궐이나 사원 및 묘지의 둘레나무로 흔히 심었다고 한다. 우리나라에는 오래전 중국을 왕래하던 사신들이 처음 가져다 심기 시작하였는데 현재 창경궁 춘당지 동쪽에 자라는 수령 100여 년이 된 백송이 있다. 우리나라 각지에 정원이나 공원에 관상수로 심어 기르는 상록성 큰키나무이다.

백송 수피 촬영 대전 한밭수목원

백송 수피 회백색으로 밋밋하고 큰 비늘처럼 벗겨져 얼룩처럼 보인다.

줄기는 높이 25~30m 정도 자라고, 나무껍질은 회백색이며 비늘조각처럼 벗겨진다. 잎은 3개씩 모여난다. 흰소나무라고도 한다.

반송 *Pinus densiflora* for. *multicaulis*

파이너스 덴시플로라

(영) Japanese umbrella pine | 소나무과 Pinaceae 소나무속 Pinus

반송(盤松)은 소나무의 한 품종으로 생김새가 '쟁반 같다' 하여 붙여진 이름이라 한다. 영어로도 'Japanese umbrella pine'으로 나무 모양을 쉽게 연상할 수 있는 이름이다.

반송은 높이 10m 내외로 자라며 지면에서 여러 개의 가지가 갈라져서 둥근 우산 모양을 만든다. 수형이 아름다워 공원이나 정원의 조경수, 관상수로 재배한다.

반송의 수형

잣나무 *Pinus koraiensis* 파이너스 코라이엔시스

소나무과 Pinaceae 소나무속 *Pinus*

잣나무는 주로 한국, 만주, 일본 등 동북아시아에 자생한다. 추운 곳에서 잘 견디며 겨울에도 낙엽이 지지 않는 상록수로 우리나라에는 해발 1,000m 이상에서 잘 자란다.

잣나무는 영어로 잎이 희게 보이는 한국산 소나무란 의미에서 'Korean white pine' 혹은 'Korean pine'이라 불리고, 잎 5개가 뭉쳐 있어 오엽송(五葉松)이라고도 부른다. 잣나무에는 고산지대에서 자라는 눈잣나무, 울릉도와 일본에 서식하는 섬잣나무, 북미에서 들여온 스트로브잣나무가 있다.

잣나무 열매

잣나무 씨앗은 소나무와 달리 날개가 없어 스스로 퍼지지 못하는데, 잣을 먹는 새나 청설모, 다람쥐 등에 의해 씨를 퍼뜨린다. 잣송이는 긴 난형 또는 원통상 난형이고 길이 **12~15cm**, 지름 **6~8cm**이며 실편 끝이 길게 자라 뒤로 젖혀진다. 하나의 실편에 잣이 **2개씩** 들어 있다.

잣나무 솔방울은 대체로 잣을 먹는 동물에 의하여 손상되어 있다.

잣나무 수피와 잎, 열매

잣나무는 30m 넘게 자라며 수피는 흑갈색, 잎은 침형으로 5개씩 뭉쳐나고 길이는 7~12cm이다. 잎 뒷면에는 백색 기공조선이 있어 하얗기 때문에 멀리서 봤을 때 잣나무 잎에는 은빛이 감돈다. 소나무와의 구별은 소나무는 잎이 2~3개가 뭉쳐 있고, 잣나무는 잎이 5개가 뭉쳐난다.

● **기공조선** 침엽수 잎에서 기공(氣孔)이 모여 흰색 혹은 연초록색의 줄 모양으로 나타나는 것.

스트로브잣나무 *Pinus strobus* 파이너스 스트로부스

소나무과 Pinaceae 소나무속 *Pinus*

북아메리카 원산지로 공원이나 산지에 심어 기르는 상록 바늘잎 큰키나무이고 가는잎소나무라고도 한다. 우리나라 각지에서 조경수로 식재하며 잣나무에 비해서 잎이 가늘고 열매가 길며 나무껍질이 밋밋하다.

잣나무 열매를 따 먹는 새 촬영 9월 5일

잣나무 수피와 잎, 열매
열매는 구과, 좁은 통 모양으로 아래로 처지며, 이듬해 8월에 익는다.

형태적 특성
큰키나무로 줄기는 곧고, 나무껍질
은 회갈색으로 밋밋하고 가지는 규
칙적으로 돌려난다. 바늘잎은 5개씩
모여나고, 길이 6~10cm, 씨는 난
형, 날개 길이는 18~20mm이다.

섬잣나무 *Pinus parviflora* 파이너스 파비플로라

소나무과 Pinaceae 소나무속 *Pinus*

산 중턱 사면 및 능선부에 나는 침엽 큰키나무로 조경수, 분재용으로 심는다. 우리나라 경상북도 울릉
도에 자생하며 일본에도 분포한다.

섬잣나무 촬영 7월 26일 잠실 올림픽공원
육지에서 조경용, 관상용으로 키우는 섬잣나무는 울릉도의 섬잣나무와 수형이 많이 다르다.

울릉도 섬잣나무의 수형 촬영 울릉도

울릉도 섬잣나무는 침엽 큰키나무로 높이 30m, 지름 60cm 정도로 자란다.

솔방울의 성장

잎은 단지에 5개가 모여나며 뒷면에 2줄의 흰색 기공선이 있다. 암수한그루이며, 5～6월에 수분한다. 열매는 구과, 긴 난형으로 길이 4～7cm, 지름 4～5cm이다. 이듬해 9～10월에 익는다.

전나무속 *Abies* 아비스

소나무과 Pinaceae 전나무속 *Abies*

전나무속(*Abies*)에는 전 세계에 50여 종이 있는 것으로 알려져 있으며, 우리나라에는 전나무(*A. holophylla*), 구상나무(*A. koreana*), 분비나무(*A. nephrolepis*) 등이 자생한다.

전나무 촬영 덕유산
전나무와 구상나무는 가지가 돌려나고 원뿔 모양으로 수형이 아름다워 성탄절 크리스마스트리로 많이 사용한다.

전나무 *Abies holophylla* 아비스 홀로필라

소나무과 Pinaceae 전나무속 *Abies*

소나무과에 속하는 상록성 겉씨식물이다. 비교적 높은 산지의 숲속과 능선부에서 자란다. 줄기는 높이 40m, 지름 1.5m에 달한다. 전나무로 이름 지은 것은 나무에서 우유빛 진(젖)이 나온다고 해서 젖나무라 하였다가 전나무로 바뀌었다 한다.
우리나라 전역에 자생하며, 중국 동북부, 러시아 우수리 지역 등에 분포한다.

전나무 숲 촬영 오대산 상원사
강원도 오대산 월정사 주변에는 아름다운 전나무 숲길이 유명하다.

전나무 열매

열매는 구과이며, 원통 모양으로 끝이 뾰족하거나 둔하고 길이 10〜20cm, 폭 3.5cm이다. 10월에 익으며 흔히 흰색의 수지 성분이 나온다.

전나무 잎

잎은 선형으로 길이 4cm, 폭 2mm이며 끝이 뾰족하다. 잎 뒷면의 가운데 잎맥 양쪽에 하얀 기공선(숨구멍줄)이 있다.

전나무 수피

줄기 껍질은 흑갈색이며 거칠고, 짧고 불규칙하게 갈라진다. 줄기는 높이 30〜40m, 지름 1.5m에 달한다. 가지는 돌려나며 수평으로 퍼져 원뿔 모양을 이룬다.

구상나무 *Abies koreana* 아비스 코레아나

소나무과 Pinaceae 전나무속 *Abies*

구상나무는 소나무과 전나무속에 속하는 상록성 겉씨식물이다. 한국에만 자생하는 희귀식물로 우리나라 한라산, 지리산, 덕유산 등 해발 1,000m 이상의 산지에서 자라는 상록 침엽 큰키나무이다. 원뿔 모양의 수형이 매우 아름다우며, 외국에서는 크리스마스트리로 인기가 좋은 것으로 알려져 있다.

한라산 정상 부근의 구상나무 군락지
구상나무는 수형이 아름다워 외국에서도 크리스마스트리로 인기가 좋은 것으로 알려져 있다

한라산 구상나무 자생 군락지

구상나무는 높이 18m 정도까지 자라는데 원뿔 모양의 수형이 아름다워 외국에서는 크리스마스트리로 인기가 좋다. 한라산 어리목휴게소에서 출발하는 등산로를 따라 오르다 보면 해발 약 1,600m 만세동산 주변으로 구상나무 자생 군락지가 넓게 형성되어 있는 것을 볼 수 있다.

구상나무 수구화수와 잎 촬영 4월 19일

수구화수는 꽃가루(pollen)를 생성하는 곳으로 잎겨드랑이 사이에 타원형으로 나며 구상나무 꽃가루가 날리는 시기는
4~5월이다. 잎은 선형이고 가지나 줄기에 돌려나며, 끝이 대개 오목하게 파이고 뒷면은 흰빛을 띤다.

구상나무 열매(암구화수)와 수피

구상나무는 암수한그루이며 열매의 포편돌기가 갈고리 모양으로 뒤로 젖혀진 모양이 특징으로 구상(鉤狀)나무의 이름이 유래된 것이라 한다. 열매는 10월에 익으며 원통형이고 길이 4~6cm, 지름 2~3cm로 갈색이다. 종자는 길이 6mm 정도로 날개가 있다. 수피는 회색으로 밋밋하다.

한라산 구상나무 자생 군락지

한라산 어리목 탐방로 만세동산(해발 1,606m) 부근에서 자생하는 구상나무를 많이 볼 수 있다(식물 탐사여행에 항상 동행한 필자의 아내).

눈 덮인 산 위의 구상나무는 장식을 하지 않아도 크리스마스트리로 손색이 없어 보인다.

독일가문비나무 *Picea abies* ^{피샤 아비스}

소나무과 Pinaceae 가문비나무속 *Picea*

소나무과 가문비나무속으로 노르웨이 원산이며 중·북부 유럽에 널리 분포하는 상록성 침엽 큰키나무이다. 높이 50m에 이르며 수피는 적갈색이고 가지는 옆으로 퍼지고, 햇가지는 아래로 처진다. 수형이 아름다워 주로 관상용으로 심는다.

독일가문비나무 수형
가지는 옆으로 퍼지며 햇가지는 아래로 처진 모습이 한복 저고리 소매가 펼쳐진 모습을 연상시킨다.

독일가문비나무 구화수 촬영 6월 20일

잎은 바늘 모양으로 단면은 사각형이고, 길이는 1∼3cm로 끝이 뾰족하며 짙은 녹색을 띠고 윤기가 난다. 구화수는 암수한그루로 5월에 달린다. 수구화수는 원통형이고 갈색이며, 암구화수는 장타원형이다.

독일가문비나무 수형과 열매

열매는 구과이고 원통형이며 밑을 향해 달리고 길이 10∼15cm이며, 자줏빛이 도는 녹색이나 익으면서 연한 갈색으로 변한다. 높이 50m에 이르며 가지는 옆으로 퍼지며 햇가지는 아래로 처진다.

종비나무 *Picea koraiensis* 피샤 코라이엔시스

소나무과 Pinaceae 가문비나무속 *Picea*

소나무과 가문비나무속으로 백두산 압록강 일대의 높은 산 능선이나 고원에 나는 상록성 바늘잎 큰키나무이다. 잎의 색이 진하고 수형이 원뿔 모양으로 아름다워 관상용으로 심는다.

종비나무 촬영 6월 27일 홍릉수목원
우리나라 남한 지역에서는 수목원에서나 볼 수 있을 정도로 드물다.

형태적 특성

가지는 짧고 수평으로 퍼지거나 약간 밑으로 처지며, 나무껍질은 적갈색 또는 황갈색이다. 바늘잎은 구부러지며 길이 2cm, 네모난 기둥 모양이고 끝은 뾰족하다. 암수한그루이며 구화수는 5~6월에 2년생 가지 끝에 달린다. 구과는 타원형이며, 길이 6.0~9.5cm, 지름 3~4cm, 9~10월에 익는데 약 30년생부터 열매를 맺는다. 한반도 북부지방에 자생하며, 러시아 우수리, 중국 동북부 등에 분포한다.

종비나무 암·수 구화수(위)와 열매(아래)

개잎갈나무(히말라야시다) *Cedrus deodara* 세두르수 디오다라

소나무과 Pinaceae 개잎갈나무속 *Cedrus*

개잎갈나무는 종종 '히말라야시다'라는 다른 이름으로 부르는데 학명 '*Cedrus deodara*'에서 'deodara'는
산스크리트어 'devdar'가 어원으로 '신령스러운 나무'라는 의미가 있다고 한다.

히말라야시다(Himalaya cedar)는 히말라야 산악 지역이 원산지이며 사계절 푸른 상록수로 히말라야삼
나무, 히말라야전나무라고도 부른다. 히말라야 북서부에서 아프가니스탄 동부 지역, 티베트 서남부, 네
팔, 파키스탄 등에 분포한다.

우리나라는 중부 이남에서 관상용, 가로수로 심어 기르는데 교정이나 공원에서도 종종 수형이 아름다
운 히말라야시다를 볼 수 있다.

히말라야시다
굵은 가지는 수평으로 퍼지고 잔가지는 밑을 향하며, 나무껍질은 회갈색으로 작게 갈라지고 벗겨진다.

히말라야시다 암·수 구화수

암수한그루이며 구화수는 10~11월에 핀다. 수구화수는 곧게 자라며, 원기둥 모양이고 길이 3cm쯤, 노란 갈색을 띤다. 암구화수는 곧게 자라며, 장타원형이다. 열매는 구과, 달걀 모양으로 길이 7~10cm, 처음에는 녹색, 이듬해 가을에 익으면 붉은 갈색이 된다.

14

측백나무과 Cupressaceae

측백나무과는 27~30속 130~140여 종으로 이루어져 있으며, 측백나무과 식물 중 메타세쿼이아, 측백나무, 향나무 등은 주변에서 흔히 볼 수 있다.

메타세쿼이아속 *Metasequoia* : 메타세쿼이아 *M. glyptostroboides*
삼나무속 *Cryptomeria* : 삼나무 *C. japonica*
낙우송속 *Taxodium* : 낙우송 *T. distichum*
측백나무속 *Platycladus* : 측백나무 *P. orientalis*
편백속 *Chamaecyparis* : 편백나무 *C. obtusa*
향나무속 *Juniperus* : 향나무 *J. chinensis*
쿠프레수스속 *Cupressus* : 쿠프레수스(율마) *C. macrocarpa*

메타세쿼이아속 *Metasequoia* 메타세쿼이아

메타세쿼이아 숲길

메타세쿼이아 *Metasequoia glyptostroboides*
메타세쿼이아 글립토스트로보이드

측백나무과 Cupressaceae 메타세쿼이아속 *Metasequoia*

측백나무과 메타세쿼이아속에 속하는 낙엽성 겉씨식물이다. 큰키나무로 높이 50m, 지름 2.5m까지 자란다. 우리나라 가로수에 심어진 메타세쿼이아는 미국에서 들여온 품종으로 중생대에 서식한 화석식물이며 멸종한 것으로 알려졌다가 1945년 중국 양쯔강 상류에서 발견된 후 미국에서도 자생종이 발견되었다. 우리나라 전역 및 전 세계 각지에서 식재한다.

2018년 서울시 자료에 의하면 서울시 가로수에 5,342(서울시 가로수의 1.7%)그루의 메타세쿼이아가 심어져 있고, 가로수 및 관상용으로 점점 증가 추세에 있어 많은 사람들로부터 사랑받는 나무이다.

메타세쿼이아 잎과 수피

메타세쿼이아는 잎이 마주나고, 가지는 대개 서로 마주나며 옆으로 퍼져 전체적으로 피라미드형이 된다. 나무껍질은 적갈색이나 오래된 것은 회갈색이고 세로로 얕게 갈라져 벗겨진다.

메타세쿼이아 꽃

메타세쿼이아 열매
메타세쿼이아 열매는 긴 열매자루에 달려 있다.

낙우송 열매
낙우송 열매는 열매자루 없이 나뭇가지에 다닥다닥 붙어 있다.

메타세쿼이아와 낙우송의 열매 구별

낙우송은 열매자루 없이 열매가 가지에 다닥다닥 붙어서 달리는 데 비하여 메타세콰이아는 열매자루가 있다.

낙우송속 *Taxodium* 택소디움

낙우송 기근(氣根)

낙우송 *Taxodium distichum* 택소디움 디스티쿰

(영) bald cypress | 측백나무과 Cupressaceae 낙우송속 *Taxodium*

낙우송은 측백나무과에 속하는 낙엽성 겉씨식물이며 호수나 강변에 심어 기르는 큰키나무로 높이 20~50m, 지름 5m에 이른다. 나무껍질은 붉은 갈색, 세로로 갈라져 작은 조각으로 벗겨진다.
미국 남부가 원산지로 낙우송(落羽松) 명칭에 대한 한자 해석으로는 새 깃털 모양의 잎이 가을에 낙엽으로 떨어진다 하여 낙우송이란 이름이 생겼다고 하는데 소나무와는 관련이 없다.

낙우송 잎과 열매

잎은 어긋나며 홑잎이지만 여러 장이 깃털 모양으로 붙고, 선형으로 길이 1.5~2.0cm이다. 구화수는 4~5월에 암수한그루로 달린다. 열매는 구과이며, 둥글고, 지름 2~3cm이다. 열매는 열매자루 없이 가지에 다닥다닥 붙어서 달린다.

메타세쿼이아와 낙우송의 감별 포인트

1   낙우송은 뿌리의 숨구멍 역할을 하는 기근(氣根)이 있고, 메타세쿼이아에는 기근이 없다.

2   낙우송은 잎이 어긋나고 메타세쿼이아는 잎이 마주난다.

3   낙우송은 열매자루 없이 열매가 가지에 다닥다닥 붙어서 달리는 데 비하여 메타세쿼이아는 열매자루가 있다.

삼나무속 *Cryptomeria* 크립토메리아

삼나무 방풍림 촬영 제주도
바람이 강한 제주도에는 곳곳에 삼나무를 방풍림으로 조성하였다.

삼나무 *Cryptomeria japonica* 크립토메리아 자포니카

(영) **Japanese cedar** | 측백나무과 Cupressaceae 삼나무속 *Cryptomeria*

삼나무는 일본이 원산지로 상록성 겉씨식물이며, 우리나라에는 제주도와 남부지방에 관상용, 조림용으로 식재하였으며 목재가 견고하다. 내한성이 약하여 우리나라는 중부 이남 지방에서 생육이 가능한 것으로 알려져 있다.
삼나무는 계통분류상 과거에는 낙우송, 메타세쿼이아 등과 함께 낙우송과(*Taxodiaceae*)로 분류되었는데, 엽록체 DNA서열을 이용한 계통분석 결과, 광의의 측백나무과(*Cupressaceae*)로 통합되었다.

제주도 삼나무 방풍림 촬영 1월 30일
삼나무 줄기는 아래에서부터 가지가 많이 나와 위로 또는 수평으로 퍼지고, 높이 3〜40m 에 달하여 제주도에서는 삼나무를 방풍림으로 많이
사용한다.

제주도 삼나무 꽃가루 알레르기 영향 (Japanese cedar)

우리나라에서는 일제강점기부터 제주도에 감귤나무 방풍용으로 삼나무를 많이 식재하게 되었다. 제주도에서 대기 중에서 삼나무 꽃가루가 짙은 농도를 보이는 시기는 주로 2~3월로, 알레르기 환자의 22.4%에서 삼나무 꽃가루 알레르기 양성반응을 보이는 것으로 알려져 있다(홍천수 저 : 한국 꽃가루 알레르기 도감).

꽃가루가 날리기 전의 수구화수 모습 촬영 1월 30일 제주도
삼나무 구화수는 2~4월에 암수한그루로 달린다. 수구화수는 가지 끝에 타원형의 짧은 이삭꽃차례로 달리
고 붉은 갈색을 띠어 이때가 되면 나무가 전체적으로 갈색으로 보인다.

일본의 삼나무 꽃가루 알레르기 영향 (Japanese cedar)

한국에서의 봄철 황사만큼이나 일본에서는 봄철 삼나무 꽃가루 알레르기가 심각한 것으로 알려
져 있다. 일본은 제2차 세계대전 후 황폐화된 도시 재건에 필요한 건축 자재를 마련하기 위해 전
국에 삼나무를 심었다. 일본에서 삼나무 꽃가루는 2월부터 4월까지 주로 날리는데 풍매화로 가볍
고 공기 중에 잘 날릴 뿐만 아니라 꽃가루의 양이 엄청나게 많고 알레르기 항원성이 강하여 일본
국민의 25% 이상이 삼나무 꽃가루 알레르기 증상을 앓고 있는 것으로 알려져 있다.

삼나무 열매와 수피

열매는 구과, 둥글며 지름 16~30mm, 적갈색이고 10월에 익는다. 실편은 두껍고 끝에 몇 개의 톱니 모양 돌기가 있다. 나무껍질은 적갈색 또는 암적갈색으로 세로로 가늘고 길게 갈라져 벗겨진다. 잎은 바늘 모양이며 길이 12~25mm, 끝이 뾰족하다.

15

은행나무과 Ginkgoaceae

은행나무속 *Ginkgo*

은행나무
Ginkgo biloba 징코 빌로바

(영) ginkgo | 은행나무과 Ginkgoaceae 은행나무속 *Ginkgo*

은행(銀杏)은 은빛 살구라는 뜻으로 은행나무 씨가 살구와 비슷하여 붙은 이름이다. 은행나무는 30년 가까이 자라야 씨를 맺는데, 손자 대에 이르러서야 종자를 얻을 수 있는 나무라 하여 공손수(公孫樹)로 불리기도 한다.

은행나무 꽃가루 알레르기 영향 (Ginkgo)

은행나무 꽃가루 알레르기 반응은 2010~2011년 기준으로 호흡기 알레르기 환자 중 약 8.1%의 양성반응을 보여 1997~1998년의 4.7%보다 상당히 증가하였다. 이는 전국적으로 은행나무 가로수가 늘어난 것과 관련이 있어 보인다.

은행나무

은행나무는 낙엽 큰키나무로 높이 60m, 지름 4m 정도까지 자라며, 나무껍질은 회색으로 두껍고 코르크질이며 균열이 생긴다.

은행나무 수꽃과 암꽃

은행나무는 암수딴그루로 잎은 부채꼴이며 뭉쳐나고, 4월에 수분한다. 수그루에서 폴렌(pollen)을 담고 있는 폴렌원추체는 꼬리 모양의 원주형으로 길이 1~3cm의 연한 황록색이다. 암그루의 생식기관은 짧은 가지 끝의 잎겨드랑이에서 나오는데 길이 1~2cm의 자루 끝에 달린다.

은행나무 열매

종자는 타원형 또는 난형으로 길이 2~3.5cm로 9~10월에 노랗게 익는다. 잎이 모두 떨어진 겨울에는 가지단지 위에 겨울눈이 남는다.

●〈참고〉 은행나무는 나자식물(겉씨식물)로서 꽃이 피는 식물은 아니나 은행나무 'pollen(웅성배우자체)'도 통념상 널리 알고 있는 꽃가루로 표현하였다.

은행나무 이야기

식물계
 은행나무문 Ginkgophyta
  은행나무강 Ginkgoopsida
   은행나무목 Ginkgoales
    은행나무과 Ginkgoaceae
     은행나무속 Ginkgo
      은행나무 *Ginkgo biloba*

은행나무는 식물 계통분류에서 은행나무문(Ginkgophyta) 중에서 유일하게 남아 있는 대단히 신비로운 '살아 있는 화석'으로 불리는 식물이다.

은행나무는 화석에서 발견된 나이로 보자면 고생대 페름기인 약 2억 5,000만 년 전에 출현하여 신생대 에오세인 지금으로부터 약 5,500만 년 전부터 3,400만 년 전까지 번성하였다. 특이한 것은 이렇게 수억 년 전부터 생존한 은행나무가 현재는 자생하는 경우는 매우 드물고 거의 다 인간의 손에 의해서 식재되어 번식한다는 것이다.

우리나라에서도 예로부터 은행나무를 정자 주변에 정자수로 심었고, 정원이나 사찰에 풍치수로 많이 이용되어오다가 최근에는 가로수로 많이 심고 있다.

실제로 서울시 자료에 의하면 2018년 서울시 가로수 약 30만 6,000여 그루 중 36%에 해당하는 11만 7,901 그루가 은행나무라 하니 상당히 많은 비중을 차지한다고 할 수 있다.

이렇게 많은 은행나무를 가로수로 심는 이유는 수형이 아름답고 노랗게 물든 가을 단풍이 도시 미관과 잘 어울리며, 병충해에도 강하여 관리도 어렵지 않고, 한여름에는 시원한 그늘을 제공하여 많은 사람의 사랑을 받기 때문이다.

그런데 가을에 은행이 땅에 떨어지면 심한 악취를 풍기므로 길가 도로변에 가로수로 심는 암그루의 은행나무는 행인들에게 때론 불쾌감을 주기도 한다. 이러한 면을 고려하여 은행나무 암·수를 구별하여 도심에서는 주로 은행이 열리지 않은 수나무를 가로수로 심다 보니 다른 한편으로는 봄철 꽃가루를 날리는 수나무가 더 많이 심어지는 결과가 되었다.

PART 02
Grasses

벼과(Poaceae/Graminaceae) 목초(Grasses)

목초(牧草)화분은 봄철 나무에서 떨어지는 꽃가루인 수목(樹木)화분이 한창 날리는 3~5월이 지나면 서서히 고개를 들며 날리기 시작한다. 목초화분 하면 어감상 나무와 풀을 이르는 목초(木草)의 꽃가루로 생각하기 쉬우나 꽃가루 알레르기를 다룰 때 말하는 목초(牧草)는 'grasses' 즉 우리말로 '풀'을 의미한다.

처음에 알레르기 검사를 시작하였을 때 'Grasses'라고 표기된 검사 항원이 있어 이것을 공원에서 흔히 볼 수 있는 잔디로 오해한 적이 있었다. 한참 지나고 나서야 'Grasses'가 잔디(*Zoysia japonica*)를 의미하는 것이 아니고 여러 목초를 통틀어 일컫는 것임을 깨닫고 당황스러워했던 기억이 있다.

'grass'에 대한 옥스퍼드사전의 설명은 'a low, green plant that grows naturally over a lot of the earth's surface, having groups of very thin leaves that grow close together in large numbers'이다. 해석하면 '땅에서 자연적으로 무리 지어 자라는 매우 가는 잎을 지닌 키 작은 녹색식물' 정도의 의미가 되겠다.

그런데 학교에서도 'grass'를 잔디로 배웠고, 우리나라 사전에도 대체로 잔디로 번역되어 있는 것이 일반적이다. 또한 유럽이나 미국 등 서양에서는 양이나 말을 방목하여 키울 목적으로 목초를 재배하는 경우가 많으나 우리나라에서는 그런 일이 드물기 때문에 목초라는 용어가 익숙하지는 않다.

목초에는 사초과(Cyperaceae), 벼과(Poaceae/Graminaceae) 등 다양한 식물군이 포함되지만 호흡기 꽃가루 알레르기 검사에는 주로 벼과에 해당하는 꽃가루항원이 많이 사용된다. 벼과에는 전 세계적으로 668속(Genus) 9,500여 종(Species)이 있고, 우리나라에는 82속 217종이 있는 것으로 알려져 있다.

알레르기는 대부분 꽃가루항원을 종(Species)의 범주보다는 상위 분류단계인 속(Genus)의 범주에서 검사하고 특히 목초의 경우에는 항원들 간의 교차반응이 큰 것으로 알려져 있어 혼합항원을 사용하는 경우가 많다.

그동안 목초를 이루는 개별 식물들이 호흡기 알레르기에 어떤 영향을 미치는지는 이러한 여러 가지 이유로 다소 소홀하게 다루어진 경향이 있었다.

이 책에서는 많은 종류의 벼과(Poaceae) 식물 중 알레르기 검사를 하는 대표적인 몇몇 종류와 국내에서 흔히 보이는 벼과 식물들에 대하여 꽃가루가 날리는 시기 순으로 살펴보았다. 그러나 현재 우리나라 병원에서 사용하는 대부분의 알레르기 검사 항원은 국내에서 생산된 제품이 아닌 외국에서 생산된 것을 수입하여 사용하다 보니 항원의 구성이 국내에 많이 분포하는 식물과는 차이가 좀 있어 보인다.

목초 *grasses* 꽃가루 알레르기 영향

필자가 진료를 담당하였던 이비인후과의원에서 비염 증세로 내원한 환자를 대상으로 2008년부터 2015년까지 8년 동안 3,423명의 알레르기 피부반응검사를 한 결과, 목초혼합항원●에 대한 알레르기 피부반응 양성률은 7.8%의 양성반응을 보였다.

그러나 혼합항원에는 벼과 식물 중 우리나라에서 곡식으로 많이 재배하는 벼와 전국의 들판에서 흔히 보는 갈대, 억새, 개밀, 강아지풀 등에 대한 항원은 빠져 있어 이러한 식물을 포함하여 알레르기 검사를 한다면 양성률이 훨씬 높아질 가능성이 있어 보인다.

참고로 다른 연구기관에서 보고된 목초 중 일부 항원에 대한 알레르기 양성률은 오리새(orchard grass) 6.2%, 우산잔디(bermuda grass) 6%, 호밀풀(ryegrass) 6.3%, 큰조아재비(timothy grass) 6.4%, 넓은김의털(meadow fescue) 6% 등이었다.

● **본원에서 검사한 목초 혼합항원의 구성** 오리새(orchard grass), 호밀풀(ryegrass), 큰조아재비(timothy grass), 왕포아풀(kentucky bluegrass), 넓은김의털 (meadow fescue), 흰털새(velvet grass).

오리새
Dactylis glomerata
닥틸리스 글로머레타

(영) orchard grass/cocksfoot
벼과 Poaceae 오리새속 *Dactylis*

유럽과 서아시아 원산의 귀화식물로 5~6월
초여름 우리나라 전역에 자라며 길가, 하천가
등에서 흔히 볼 수 있는 여러해살이풀이다.

　형태적으로 줄기는 곧추서며, 마디는
3~5개이고 높이 30~100cm 정도이다. 잎
은 어긋나며, 선형으로 길이 15~30cm, 끝
은 뾰족하다. 꽃은 원추꽃차례를 이루며, 흰
빛이 도는 녹색을 띤다. 소화는 가지 끝에
몰려 밀집한다.

오리새 꽃차례
오리새는 실 같은 가느다란 수술대에 매달린 꽃가루주
머니가 바람에 잘 흔들려서 많은 양의 꽃가루가 멀리까
지 날아갈 수 있다.
작은이삭은 2~4개의 소화로 이루어져 있으며, 가지 끝
에 몰려 밀집하고 원추꽃차례이다.

- **소수** 작은 꽃이 달려 있는 꽃이삭.
- **소화** 소수에 붙어 있는 작은 꽃으로 소화에서 암술, 수술
  이 나오고 소화 안에 자방이 있다.

오리새 꽃 촬영 5월 23일
오리새는 5~6월에 꽃이 피는데 꽃송이가 마치 솜방망이가 매달린 것처럼 보이기도 한다.

오리새 꽃가루 알레르기 영향
(Orchard grass)

오리새는 5~6월에 주변에서 흔히 볼 수 있는 목초로 우리나라에서 알레르기 양성률은 6.2% 정도의 양성률을 보였다.

오리새 꽃 촬영 5월 30일, 6월 28일
화서(꽃차례)는 개화기에는 갈라진 개방형이나 성숙하면 응축한다.

왕포아풀 *Poa pratensis* 포아 프라텐시스

(영) Kentucky bluegrass | 벼과 Poaceae 포아풀속 *Poa*

포아풀속에는 전 세계적으로 500여 종 있는 것으로 알려져 있으며, 왕포아풀(Kentucky bluegrass)은 유럽 원산의 귀화식물로 길가나 풀밭에서 자라는 여러해살이풀이다. 우리나라 전역에 퍼져 자라며 서양 각국의 정원이나 공원의 잔디밭을 이루는 대표적인 식물이다.

식물 분류에서 '벼과'의 학명인 'Poaceae'의 어원이 '벼속(*Oryza*)'이 아니고 '포아풀속(*Poa*)'에 있음은 벼과의 식물 계통분류는 포아풀속이 기둥이라는 것을 기억할 만하다.

포아풀속에는 우리나라에 왕포아풀 이외에도 새포아풀, 실포아풀, 구내풀, 성긴포아풀, 갑산포아풀, 포아풀, 가는포아풀, 큰새포아풀, 울릉포아풀, 좀포아풀 등 다수가 있는 것으로 알려져 있다.

왕포아풀 꽃차례
전체 꽃차례는 줄기 마디에서 3~5개의 가지가 돌려나며, 원추형을 이루고, 길이는 5~15cm이다.

왕포아풀 근접 촬영 5월 7일
그늘진 들판이나 개울가의 습지에서 쉽게 발견할 수 있다.

꽃가루 알레르기 영향

(Kentucky bluegrass)

필자의 병원에서 왕포아풀이 포함된 목초 혼합항원(*Grasses*)에 대한 알레르기 양성률은 7.8%로 나타났으나 대체로 꽃가루 알레르기에서 혼합항원이 단독항원보다는 높은 양성반응을 나타낸 점을 고려하여야 할 것으로 보인다.

왕포아풀 촬영 5월 7일

형태적 특성
왕포아풀은 긴 땅속줄기가 뻗고 높이는 20∼50cm이고 2∼3개의 마디가 있다. 꽃은 5∼7월에 피는데 전체 꽃차례는 줄기 마디에서 3∼5개의 가지가 돌려나며, 원추형을 이루고, 길이는 5∼15cm이다. 작은이삭(소수)은 난형으로 길이 3∼6mm이며, 꽃이 3∼6개 들어 있고, 소화 아래에는 긴 털이 있다.

호밀풀 *Lolium perenne* 롤리움 퍼렌

(영) ryegrass | 벼과 Poaceae 호밀풀속 *Lolium*

호밀풀속(*Lolium*)에는 국내에 호밀풀(*L. perenne*), 쥐보리(*L. multiflorum*), 독보리(*L. temulentum*) 등이 있으며, 유럽 원산의 귀화식물로 목초용 사료작물로 많이 재배하던 것이 야생화되어 경작지 주변이나 길가에서 자라는 여러해살이풀이다. 우리나라 전역에 자라며, 중국, 유럽, 중동지역 등에 분포한다.

호밀풀 꽃차례 촬영 5월 12일
줄기에 자루가 없는 작은이삭이 두 줄로 달리며, 전체 길이는 30~90cm이다.

꽃가루 알레르기 영향 (Ryegrass)

알레르기 항원에 표기된 'Ryegrass'는 호밀풀속에 해당되며 외국에서 꽃가루 알레르기의 중요 원인으로 알려져 있으나 국내에서는 호밀풀속 꽃가루 알레르기 양성률은 6.3% 정도로 보고되었다. 필자가 주변에서 관찰한 결과로는 호밀풀속 식물은 왕포아풀이나 오리새, 참새귀리 등과 같은 다른 목초에 비하여 흔하게 발견되지는 않아 국내에서의 알레르기 영향은 좀 더 조사가 필요할 것으로 보인다.

호밀풀(*L. perenne*)(위)과 쥐보리(*L. multiflorum*)(아래)의 작은이삭

호밀풀은 호영에 까락이 없거나 아주 작고, 쥐보리는 5~12mm 크기의 까락이 있어 구별된다.

참새귀리 *Bromus japonicus* <small>브로무스 자포니커스</small>

벼과 Poaceae 참새귀리속 *Bromus*

참새귀리속에는 전 세계적으로 약 160~170여 종이 있는 것으로 알려져 있으며 우리나라에도 참새 귀리(*B. japonicus*), 까락빕새귀리(*B. sterilis*), 민둥참새귀리(*B. racemosus*), 빕새귀리(*B. ciliatus*), 성긴이삭풀(*B. carinatus*), 좀참새귀리(*B. inermis*), 큰이삭풀(*B. catharticus*), 털참새귀리(*B. hordeaceus*) 등이 있다. 우리나라 전역에 나며, 북반구 온대에 분포한다. 가축 먹이로 이용한다.

참새귀리 꽃차례
줄기 끝에서 꽃차례가 달리고, 마디에서 3~7개의 가지가 갈라져서 늘어지며 외관상 뾰죽한 꽃차례는 참새부리를 연상케 한다.

형태적 특성

잎은 선형이고 줄기는 뭉쳐나며 높이 50~80cm이다. 줄기 끝에서 원추꽃차례가 달리고, 마디에서 3~7개의 가지가 갈라져서 늘어지며 가지의 길이는 약 10cm이다. 작은이삭은 납작하며 7~14개의 낱꽃(소화)으로 이루어진다. 까락은 5~10mm로 나중에는 밖으로 구부러진다. 꽃은 5~7월에 피고 열매를 맺는다.

참새귀리 꽃이삭 촬영 5월 10일, 6월 7일

꽃가루 알레르기 영향

참새귀리는 5~6월경에 주변 빈터 풀밭에 흔히 볼 수 있는 풀이지만 일반적으로 알레르기 검사는 하지 않는다.

참새귀리 촬영 5월 10일

큰김의털 *Festuca arundinacea* 페스투카 어룬디네시아

벼과 Poaceae 김의털속 *Festuca*

김의털은 이름이 익숙하지 않은 식물이지만 유럽 원산의 귀화식물로 우리나라 전역에 난다. 김의털속 (*Festuca*)에는 많은 종이 있으며 주변에서 흔히 볼 수 있는 식물이다. 목초 항원 중 메도페스큐(Meadow fescue)가 김의털속에 속한다. 우리나라에서 발견되는 김의털속에는 김의털뿐만 아니라 넓은김의털, 큰 김의털, 참김의털 등이 알려져 있다.

큰김의털
꽃차례는 줄기 마디에서 한쪽에 두 개의 가지가 나며, 다시 갈라져서 원추형의 꽃차례를 이루고, 자루가 있는 여러 개의 이삭이 거의 곧추선다.

형태적 특성

높이는 70~110cm이다. 잎은 3~5개 달리고, 잎몸은 길이 13~26cm이고, 너비 2~6mm이다. 전체 꽃차례는 줄기 마디에서 한쪽에 두 개의 가지가 나며, 다시 갈라져서 원추형을 이루고, 길이 15~40cm이다. 작은이삭은 긴 난형이고, 길이 9~12mm이며, 꽃이 6~8개 들어 있다.

꽃가루 알레르기 영향
(Meadow fescue)

김의털속의 식물은 우리나라에서 흔히 볼 수 있는 목초이지만 개별적인 알레르기 검사는 하지 않는다. 필자의 병원에서 시행한 알레르기 피부반응검사에서 넓은잎김의털(meadow fescue)이 포함된 목초 혼합항원의 알레르기 양성률은 7.8%였다.

큰김의털 촬영 5월 31일 충남 공주

잘린 산자락의 토양 유실을 막기 위해 도입하여 식재한 것이 야생화하여 길가에서 흔하게 자라는 여러해살이풀이다.

뚝새풀 *Alopecurus aequalis* 알로피큐러스 에쿠알리스

벼과 Poaceae 뚝새풀속 *Alopecurus*

뚝새풀은 시골에서 논에 모내기 전에 빼곡하게 자라는 풀로 '논둑'에서 잘 자란다 하여 '(논)둑새풀→뚝새풀'이라 이름 지어졌다는 해석이 있다.

우리나라에는 뚝새풀속에 뚝새풀, 쥐꼬리뚝새풀, 털뚝새풀, 큰뚝새풀 유럽뚝새풀 등이 있다.

뚝새풀은 우리나라 전역의 논과 하천 주변에 자라며, 모내기 전에 논에서 흔히 볼 수 있는 한해살이풀로 중국, 일본, 대만, 몽골 등 북반구 온대 지역 등에 분포한다.

뚝새풀 촬영 5월 31일

형태적 특성

줄기는 여러 개가 모여 나고, 높이는 20~40cm 이며, 마디는 4~5개 있고, 잎집 밖으로 드러난다. 잎몸은 길이 5~15cm이고, 너비 1.5~5.0mm이다. 전체 꽃차례는 원기둥 모양으로 줄기 끝에 작은이삭이 빽빽하게 달리며, 길이는 4~6cm이다.

뚝새풀 촬영 5월 31일

잔디 *Zoysia japonica* 조이시아 자포니카

(영) lawn, grass, turf | 벼과 Poaceae 잔디속 Zoysia

잔디는 햇빛이 잘 비치는 풀밭이나 길가에서 자라는 여러해살이풀이며, 우리나라 전역에 난다. 일본, 대만, 중국 등에 분포하고 주로 관상용으로 심으며 공원, 골프장 등에 이용한다.
알레르기 검사에서 'grasses'로 표기된 항원은 평소에 공원에서 흔히 보는 잔디가 아니고 목초 혼합물을 가리킨다.

대전엑스포 잔디광장
잔디는 단단하고 긴 뿌리줄기가 땅속 깊이 뻗으며, 마디에서 줄기와 뿌리를 낸다. 땅 위로 나온 줄기는 15∼20cm 정도 자라고, 꽃차례는 총상 꽃차례에 무리 지어 피는데 길이 3∼5cm로 곧추선다. 열매는 6월에 익는다.

잔디 수술과 암술 촬영 5월 28일
꽃은 5~6월에 피고, 수술의 꽃가루주머니는 가느다란 수술대에 대롱대롱 매달려 있어 꽃가루가 바람에 잘 날아갈 수 있다. 암술머리는 깃털처럼 갈라져 있어 꽃가루를 잘 받을 수 있게 되어 있다.

꽃가루 알레르기 영향

잔디(*Z. japonica*)에 대한 알레르기 검사는 별도로 하지 않으나 잔디가 많은 골프장, 잔디공원 등에서 종사하는 사람에게서 호흡기알레르기 증세가 나타나는 경향이 있다.

띠 *Imperata cylindrica* 임페라타 실린드리카

벼과 Poaceae 띠속 *Imperata*

띠속(*Imperata*)에는 전 세계적으로 10여 종이 있으며 우리나라에는 띠 1종만이 있고 '삘기'라고도 부른다. 해가 잘 드는 풀밭에서 자라는 여러해살이풀로 우리나라 전역에서 자라고, 아시아, 유럽, 아프리카에도 분포하는 것으로 알려져 있다.

띠 촬영 6월 4일
띠 꽃은 5~6월에 줄기 끝에 원추꽃차례로 무리 지어 피고, 전체가 원기둥처럼 보이는데 은백색의 긴 털이 달린다.

형태적 특성

줄기는 단단한 비늘조각으로 덮인 뿌리줄기가 길게 뻗는다. 줄기는 가늘지만 강하며, 마디에 하얀색 긴 털이 달린다. 꽃차례는 길이 10~20cm이고, 전체가 원기둥처럼 보이는데 은백색의 긴 털이 달린다. 작은이삭은 피침형으로 길이 3.5~4.5mm이고, 길이 1cm 정도 되는 긴 털이 달린다.

꽃가루주머니와 암술 촬영 6월 4일
수술의 꽃가루주머니는 가느다란 수술대에 매달려 있고, 암술머리는 꽃가루를 잘 받을 수 있게 깃털처럼 갈라져 있다.

꽃가루 알레르기 영향
띠는 5~6월에 우리나라 전역에서 자라는 여러해살이풀이나 별도의 꽃가루 알레르기 검사는 하지 않는다.

개밀 *Agropyron tsukushiensis* 아그로피론 수쿠시엔시스

벼과 Poaceae 개밀속 *Agropyron*

개밀속에는 우리나라에 속털개밀, 개밀, 광릉개밀, 자주개밀 등이 있으며, 5~6월에 길가, 하천가, 풀밭
에서 흔히 보는 풀로 많은 양의 꽃가루를 날린다.

개밀 촬영 6월 4일 대전 지역

개밀의 꽃차례는 활같이 휘고, 속털개밀보다 잎이 크다. 꽃차례는 마디마다 대가 없는 작은이삭이 달리는 수상화서로, 까락은 길게 있으나 굽
어 있지 않다. 줄기는 여러 개가 모여 나고, 높이 40~100cm이며, 잎몸은 길이 20~30cm이고 너비 5~10mm이다. 꽃은 6~7월에 피고 7월에
익는다.

꽃가루 알레르기 영향

우리나라에서 개밀속 식물들에 대하여 별도의 꽃가루 알레르기 검사는 하지 않는다.

개밀 촬영 5월 31일

이 종은 전체 꽃차례가 많이 휘고, 포영에 털이 없고, 호영의 까락이 곧은 점으로 속털개밀과 구별된다.

● **포영** 벼과식물의 작은이삭(소수)을 받치고 있는 잎 조각.
● **호영** 작은 꽃의 맨 아래를 받치고 있는 한 쌍의 작은 조각 포영 윗부분에 있다.

(속)털개밀 *Agropyron ciliaris* 아그라피론 실리아리스

벼과 Poaceae 개밀속 *Agropyron*

속털개밀은 전국 각처의 길가, 들에서 흔히 자라는 초본식물로 한국, 중국, 러시아, 일본 등지에 분포한다.

속털개밀

속털개밀의 소화에는 겉에 털이 있으며, 끝에 1∼3cm의 까락이 있고, 마르면 밖으로 휜다.

형태적 특성

유사한 종인 개밀과는 전체 꽃차례가 덜 구부러지고, 호영은 겉에 털이 있으며 끝에 1∼3cm의 까락이 있고, 까락이 마르면 크게 휘는 점으로 구별된다. 털개밀이라고도 부른다. 잎몸은 길이 4∼25cm이고, 꽃차례는 약간 휘고, 길이 10∼20cm이다.

꽃차례 수술과 암술

작은이삭에는 많은 꽃가루주머니가 가는 수술대에 매달려 있어 바람에 꽃가루가 잘 날릴 수 있고, 꽃가루받이 역할을 하는 암술머리는 깃털처럼 갈라져 있다.

속털개밀 촬영 6월 6일

꽃은 5~7월에 피는데 전체 꽃차례에는 작은이삭이 수상화서로 배열하며, 약간 휘고, 많은 꽃가루를 지닌 수술이 매달려 있다.

갈풀 *Phalaris arundinacea* 팔라리스 어룬디네시아

벼과 Poaceae 갈풀속 *Phalaris*

갈풀속(*Phalaris*) 식물은 전 세계에 분포하며 우리나라에는 자생종인 갈풀과 귀화종인 카나리새풀(*P. californica*) 등이 있다. 우리나라 전역에 나며 들판, 저수지의 가장자리, 냇가나 도랑 근처의 습한 풀밭에 무리를 지어 자라는 여러해살이풀이다.

갈풀 촬영 6월 4일 대전 갑천변
줄기는 보통 1개가 나와 곧게 자라며 높이 50~120cm이다.

갈풀 촬영 6월 4일 대전 갑천변

갈풀 촬영 6월 3일

꽃은 5~8월에 피고 결실한다. 작은이삭에는 많은 양의 수술이 매달려 있다. 원추꽃차례는 곧추서고 길이 8~15cm, 폭 1~3cm이며 화서(꽃차례)는 한창 개화 시기에는 넓게 펴진 후 시간이 지나면서 응축한다.

외형상 비슷한 산조풀(Calamagrostis epigeios)에 비해 잎의 폭이 넓으며, 작은이삭은 까락이 발달하지 않는다.

큰조아재비 *Phleum pratense* 플레움 프래튼스

(영) timothy | 벼과 Poaceae 산조아재비속 *Phleum*

유럽과 시베리아 원산이며 목초로 대량 재배하고 많은 양의 꽃가루를 날려 세계적으로 중요한 알레르기 유발 꽃가루로 알려져 있다.

우리나라에는 목초로 도입되어 재배하던 것이 야생화하여 길가와 풀밭에서 자라는 여러해살이풀이다.

큰조아재비 촬영 7월 3일 대전 지역

줄기는 모여 나고 높이 50〜100cm이다. 잎몸은 길이 4〜20cm이고, 너비 3〜9mm이다. 전체 꽃차례는 가지 끝에 작은이삭이 원기둥 모양으로 모여 달리고, 길이 6〜15cm이다. 꽃차례는 외관상 커다란 뚝새풀과 유사하다. 꽃은 6〜7월에 핀다.

큰조아재비 촬영 7월 3일 대전 지역

꽃가루 알레르기 영향 (Timothy)

큰조아재비(*timothy*)의 알레르기 양성률은 6.4%로 보고되었으나, 필자가 주변에서 관찰한 바로는 그리 흔히 보이는 풀은 아니어서 더 조사가 필요할 것으로 보인다.

큰조아재비 수술과 암술 촬영 7월 3일

수술은 수술대에 매달려 있어 꽃가루가 바람에 잘 날리고, 암술은 꽃가루를 잘 받을 수 있도록 깃털 모양을 하고 있다.

금강아지풀 *Setaria pumila* 세타리아 퍼밀라

(영) foxtail | 벼과 Poaceae 강아지풀속 *Setaria*

강아지 꼬리 모양으로 바람에 살랑살랑 흔들리는 강아지풀은 우리나라 들판에 흔히 자라는 한해살이풀이다. 우리나라에서 흔히 발견되는 강아지풀속(*Setaria*)에는 강아지풀(*S. viridis*), 수강아지풀(*S. pycnocoma*), 가을강아지풀(*S. faberi*), 금강아지풀(*S. pumila/S. glauca*), 가는금강아지풀(*S. pallidefusca*) 등이 있다.

금강아지풀 수술과 암술 촬영 8월 30일
금강아지풀은 햇빛이 잘 드는 경작지 주변의 풀밭이나 빈터에 자라는 한해살이풀로 가시털이 금빛을 띤다. 8~10월에 꽃이 피는데, 꽃차례는 작은이삭이 빽빽하게 달라붙은 원기둥 모양이다.

금강아지풀(*S. pumila*)은 꽃이삭의 색깔이 금색이면서 굽어지지 않고 키가 작다.

강아지풀(*S. viridis*)은 꽃이삭의 색깔이 녹색이나 자주색을 띠고 대체로 키가 작다.

수강아지풀(*S. pycnocoma*)은 꽃이삭의 색깔이 녹색이나 자주색을 띠고 대체로 키가 크다.

가는금강아지풀(*S. pallidefusca*)은 꽃이삭의 색깔이 금색이면서 굽어지고 키가 크다.

꽃가루 알레르기 영향

강아지풀에 대하여는 현재 우리나라에서 알레르기 검사를 시행하지 않으나 전국에서 흔히 볼 수 있는 목초로 7～9월에 많은 양의 꽃가루를 날려서 알레르기 검사가 필요할 것으로 생각된다.

수크령 *Pennisetum alopecuroides* 페니시툼 알로피큐로이디스

(영) fountain grass | 벼과 Poaceae 수크령속 *Pennisetum*

수크령은 햇빛이 잘 드는 숲 가장자리, 빈터, 풀밭 등에서 자라는 여러해살이풀로, 우리나라 전역에 나며 중국 등 아시아 온대 및 열대지방에 분포한다.

수크령은 우리말 '숫'과 '그령'의 합성어로 남성의 생식기를 의미하고, 학명에 나타나는 속명 'Pennisetum'도 남성 생식기를 뜻하는 'penis'에 어원이 있다.

수크령 촬영 8월 21일
줄기는 높이 30~80cm로 곧게 서고 덤불을 이루어 자라며 아주 뻣뻣하다. 꽃은 8~9월에 피는데 이삭꽃차례는 원주형이고, 작은이삭은 길이 5mm 정도이다.

저녁 햇살에 붉게 물든 수크령 촬영 9월 16일

수크령은 조경용으로 사용되기도 하며, 제방 등에 심기도 한다.

형태적 특성

잎은 선형으로 편평하며, 길이 30~60cm, 이삭꽃차례 길이는 15~25cm, 직경은 15mm로서 흑자색이다. 작은이삭을 연결하는 대가 있어 길이가 1mm 정도로서 중축과 함께 털이 밀생하며, 나중에 소수와 함께 탈락한다. 소수는 양성화인 제1소화와 불임성인 제2소화로 이루어진다. 열매는 9~10월에 결실한다.

꽃가루 알레르기 영향

수크령은 야생에서도 잘 자라고, 주변 공원이나 정원 등에 관상용으로 심어 기르는 경우도 많아 8~9월에 많은 양의 꽃가루를 날린다. 아직까지 별도의 알레르기 검사는 하지 않으나 강아지풀과 함께 검사가 필요한 식물로 생각된다.

수크령 수꽃과 암꽃 근접 촬영 9월 16일

벼 *Oryza sativa* 오리자 사티바

(영) rice | 벼과 Poaceae 벼속 *Oryza*

벼는 우리나라 전역 및 전 세계적으로 널리 재배하는 한해살이풀로 수천 년 전부터 주요 식량자원으로 재배하였다. 벼속에는 약 23종의 벼가 있고, 이 중 재배종은 아시아 재배종인 *Oryza sativa*와 아프리카 재배종인 *Oryza glaberrima* 두 종이나, 일반적으로 재배 벼는 *Oryza sativa*이다.

누렇게 벼가 익은 황금들판 촬영 10월 11일

벼 꽃이삭 촬영 8월 26일

 꽃가루 알레르기 영향 (Rice)
미국과 일본의 벼 재배 농가에서 천식과 알레르기 비염의 원인에 관여한다고 보고되었고, 대만에서는 소아 천식 환자의 9.3%에서 양성반응으로 보고되었다(홍천수: 한국 꽃가루 알레르기 도감).

벼
우리나라에서 벼 모내기는 대체로 5월 중하순부터 6월 중순 사이에 하고 수확은 9~10월에 한다. 벼꽃은 모내기를 한 시기에 따라 7~9월에 피며, 벼이삭은 원추꽃차례로 달리고 낱꽃에는 수술대에 매달린 수술이 5개씩 있다.

벼 재배에 관한 상식

벼는 세계 인구의 반 이상에게 중요한 식량자원이며, 곡물 중에서도 옥수수, 밀 등과 같이 가장 많이 이용되는 편이다. 원산지는 정확하게 알려지지 않았지만 현재 아시아뿐만 아니라 전 세계 곳곳에서 재배하고 있다.

벼 재배는 약 6,500년 전부터 많은 나라에서 동시적으로 시작된 것으로 알려져 있으며 한반도는 중국으로부터 벼농사 기술이 전해졌다는 것이 농학자들과 역사학자들의 비교적 일치된 견해이다. 어떤 학자들은 한반도에 벼 재배 농경기술이 전해진 것은 기원전 5세기 전후일 것이라 주장하고, 또 일부 학자들은 기원전 11세기, 기원전 20세기까지 거슬러 올라간다고 주장하는 등 일치된 의견은 없어 보인다.

아시아에서 재배하는 벼 품종에는 인디카(*indica*)종과 자포니카(*japonica*)종이 대부분이며 이는 형태학적인 구분에 의한 것으로 벼 알의 모양이 자포니카는 짧고 둥글며, 인디카는 약간 납작하며 길지만 재배 환경에 따라 변이를 보인다.

한국에서 재배되는 대다수의 재배 품종은 temperate *japonica*에 속해 있지만, 벼 육종을 위해서 야생벼를 포함한 다른 *Oryza sativa* 아종들이 이용되고 있다고 한다.

벼는 모내기 시기에 따라 여러 영향을 받는다. 모내기를 너무 일찍 하면 저온현상으로 초기 자람이 늦어지고, 전체적으로 벼가 자라는 기간은 길어져서 양분 소모가 많고 잡초와 병해충 발생률도 높아진다. 특히 고온기에 벼가 익어가면서 호흡량이 늘어나 저장양분의 소모도 많아지기 때문에 쌀의 품질과 수확량이 전체적으로 낮아진다. 반면 너무 늦게 할 경우, 자랄 수 있는 기간이 짧아져 벼 알의 수가 줄고, 벼를 찧었을 때 하얗게 변하는 쌀알이 쉽게 나타난다. 생육 후기에 온도가 낮아질 경우 벼 알의 익은 정도가 떨어져 수량과 품질도 낮아진다. _출처 : 농촌진흥청

돌피 *Echinochloa crus-galli* 에치노클로 크러스-갈리

벼과 Poaceae 피속 *Echinochloa*

피속(*Echinochloa*)에는 전 세계에 30여 종이 분포하며 한국에는 돌피(*E. crus-galli*), 물피(*E. caudata*), 피 (*E. esculenta*) 등이 있다.

경작지나 저수지 주변 등 습한 곳에 자라는 한해살이풀로 우리나라는 제주를 제외한 전국에 분포하고, 해외에는 러시아, 몽골, 중국, 일본, 구대륙의 온대, 아열대 지역 등에 분포한다.

피는 과거 중국에서는 오곡(五穀)에 포함될 정도로 식량으로 많이 재배되었고 조선시대에는 대표적인 구황(救荒)식물로 재배되었다. '사흘에 피죽 한 그릇도 못 얻어먹은 듯하다'는 속담은 끼니를 해결하기 어려웠던 시기에 피를 식용으로 먹었던 데서 전해지는 말이다.

돌피 촬영 8월 5일
줄기는 아래에서 가지가 많이 나오고 5~6개의 마디가 있다. 돌피는 논두렁이나 습기가 많은 들판에서 흔히 볼 수 있다.

돌피 수술과 암술 촬영 8월 30일

꽃은 8~10월에 피고, 전체 꽃차례는 5~15개의 가지가 줄기를 따라 달리며, 길이는 6~20cm이다. 작은이삭은 길이 3~4mm로 난형이고, 꽃이 2개 들어 있다. 호영은 난형이고, 5개의 맥과 털이 있으며 긴 까락이 달리기도 한다. 돌피와 유사하나 호영에 달리는 까락이 더 길고 자색을 띤 화서를 가진 것을 물피(*E. caudata*)라고 한다.

개피 *Beckmannia syzigachne* 벡마니아 시지가크니

벼과 Poaceae 개피속 *Beckmannia*

논과 하천 주변 습지에서 흔히 자라는 한해살이풀이다.
우리나라 전역에 나며, 몽골, 러시아, 유럽, 북미의 북부와 서부 등에 분포한다.

개피 촬영 6월 4일
줄기는 모여 나고, 곧게 서며, 높이는 20~90cm이다. 꽃은 5~7월에 피고 전체 꽃차례는 15~30cm이며 가지
에는 납작한 작은이삭이 두 줄로 조밀하게 달린다.

옥수수 *Zea mays* ^{지 메이스}

(영) corn | 벼과 Poaceae 옥수수속 *Zea*

옥수수는 열대 아메리카 원산이며 식량작물로 길가나 밭에 재배하는 한해살이풀이다.
벼, 밀과 함께 세계 3대 식량작물이며 우리나라 전역 및 전 세계에서 재배하고 열매는 식용, 가축 먹이로 사용한다. 강낭이, 강냉이라고도 한다.

옥수수

옥수수 수술(상)과 암술(하) 촬영 7월 19일

꽃은 7~8월에 암수한포기로 피고 수꽃은 줄기 끝에서 피며, 수꽃 작은이삭은 길이 1cm쯤이고 2개의 낱꽃으로 이루어져 있다. 암꽃은 원통 모양이며, 대가 없이 잎겨드랑이에 달린다. 옥수수염이라 부르는 암술대는 길며 끝에 암술이 매달려 있다. 꽃싸개잎 밖으로 나와 밑으로 처진다.

바랭이 *Digitaria ciliaris* 디지타리아 실리아리스

벼과 Poaceae 바랭이속 *Digitaria*

길가와 경작지 및 빈터에 자라는 한해살이풀로 우리나라 전역에 나며, 세계적으로 구대륙의 온대와 아열대 지역에 분포한다.

알레르기 검사항원에는 바랭이와 모양이 비슷한 우산잔디(Bermuda grass, 학명 *Cynodon dactylon*)를 항원으로 사용하는데, 우산잔디는 우리나라 남부 해안가에서 일부 자라는 것으로 알려져 있으나 필자는 주변에서 발견하지 못하였다. 주변 공원이나 들판에서 흔히 보는 풀은 대체로 바랭이와 왕바랭이였다.

바랭이

꽃가루 알레르기 영향
(Bermuda grass)

우리나라에서 흔히 발견되는 바랭이에 대하여는 별도로 알레르기 검사를 하지 않으나 형태가 비슷한 우산잔디(bermuda grass)의 알레르기 양성률은 약 6% 정도로 알려져 있으며, 우산잔디는 벼과 식물 중에서 특이 항원성이 있는 것으로 알려져 있다.

바랭이(*Digitaria ciliaris*)와
우산잔디(*Cynodon dactylon*) 비교

바랭이와 우산잔디가 두드러지게 다른 모습은 우산잔디는 화서가 줄기 끝에서 2~7개 손바닥 모양으로 퍼지나 바랭이는 화서가 줄기 끝에서 2~3단으로 층을 나누어 3~8개로 갈라진다. 그러나 바랭이의 성장 과정에서 화서가 줄기 끝에만 보이는 경우도 있으므로 바랭이를 우산잔디로 착각할 수도 있다.

바랭이는 우리나라 전국에 분포하고 주변에서 흔히 발견되나, 우산잔디는 우리나라 제주, 남서해안 지역에 분포하는 것으로 알려져 있다.

바랭이 꽃차례 촬영 9월 15일

바랭이는 7~10월에 꽃이 피고, 화서가 줄기 끝에서 2~3단으로 층을 나누어 3~8개로 갈라진다. 작은이삭이 달리는 축은 납작하고 가장자리가 거칠다. 작은이삭은 길이 2.5~3.5mm로 꽃이 두 개 들어 있다.

왕바랭이 *Eleusine indica* 엘루신 인디카

벼과 Poaceae 왕바랭이속 *Eleusine*

경작지 주변과 빈터에 자라는 한해살이풀이며, 우리나라 전역에 난다. 일본, 중국 및 구대륙의 온대, 열대 지역 등에 분포한다.

왕바랭이 촬영 8월 2일

전체 꽃차례의 가지가 줄기 끝에 손바닥 모양으로 달리는 것이 바랭이와 비슷하나 왕바랭이는 땅속으로 기는 줄기 없이 포기로 난다. 줄기는 포기에서 여러 개가 나며 비스듬히 선다. 높이는 15~60cm이고, 2~3개의 마디가 있다.

바랭이와 왕바랭이 구별 포인트

바랭이는 땅속으로 기는 줄기가 있고, 왕바랭이는 땅속으로 기는 줄기 없이 포기로 난다. 작은이삭에 왕바랭이는 3~9개의 꽃이 들어 있고 바랭이는 꽃이 2개 들어 있다.

왕바랭이
땅속줄기 없이 포기로 난다.

바랭이
땅속으로 기는 줄기가 있다.

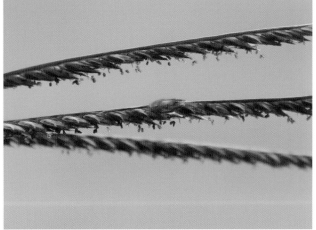

왕바랭이 꽃차례 촬영 9월 4일
꽃은 8~9월에 피는데 전체 꽃차례는 줄기 끝에 3~10개의 가지가 손바닥 모양으로 달리고, 길이 5~15cm이다. 작은이삭은 가지 한쪽에 두 줄로 조밀하게 달리며, 길이 3~5mm로 납작하고, 작은이삭에 3~9개의 꽃이 들어 있어 꽃이 2개 들어 있는 바랭이와 다르다.

갈대 *Phragmites australis* 프래마이트 오스트랄리스

(영) reed | 벼과 Poaceae 갈대속 *Phragmites*

갈대는 습지나 하천가에 자라는 여러해살이풀로 우리나라 전역에 나며 일본, 대만, 중국, 동남아시아, 호주, 유럽, 아프리카, 북미, 남미 등에 분포한다. 억새와 갈대는 들판과 하천가에 무리 지어 길게 자라는 한해살이풀로, 가을철 들판을 하얗게 수놓은 억새와 강바람에 흔들리는 갈대의 모습은 기온이 내려가고 낙엽이 떨어지는 계절의 쓸쓸한 모습을 더해준다.

꽃가루 알레르기 영향 (Reed)

갈대는 벼과(Poaceae) 식물로 우리나라에서 쑥과 돼지풀의 꽃가루가 날리는 시기와 비슷한 9~10월에 집중적으로 많은 양의 꽃가루를 날린다. 그러나 알레르기 검사에는 포함되지 않는 경우가 많고 그 통계학적 결과도 찾아보기 힘들어 이에 대하여 조사가 더 이루어져야 할 것으로 생각된다.

갈대

갈대는 대부분 강가, 하천가, 습지 등에서 자란다.

갈대

형태적 특성

뿌리줄기는 굵고, 땅속에서 길게 뻗는다. 줄기는 높이 100~300cm, 속이 비어 있다. 잎은 두 줄로 어긋나며, 긴 피침형, 길이 20~50cm, 폭 2~4cm, 끝이 밑으로 처지고, 밑이 잎집으로 되어 줄기를 감싸며, 잎혀 위에 짧은 털이 나란히 난다. 전체 꽃차례는 길이 15~40cm, 작은이삭은 길이 12~17mm, 꽃이 2~4개 있다.

갈대 꽃차례와 횡단면 촬영 9월 19일

꽃은 9~10월에 피는데 줄기 끝에 이삭꽃차례가 모여서 원추꽃차례로 달리며, 붉은 갈색 혹은 황갈색이다. 꽃차례 사이사이에 무수히 많은 수술을 볼 수 있다. 갈대 줄기는 속이 비어 있다.

달뿌리풀 *Phragmites japonica* _{프래마이트 자포니카}

벼과 Poaceae 갈대속 *Phragmites*

외형상 갈대와 비슷하며 냇가에 흔히 자라는 여러해살이풀로 땅 위로 기는 긴 포복줄기가 있다. 갈대에
비하여 꽃차례이삭가지가 드물고, 꽃은 8~9월에 갈색으로 핀다.

달뿌리풀

달뿌리풀 촬영 9월 6일

억새 *Miscanthus sinensis* 미스캔투스 시넨시스

(영) silver grass | 벼과 Poaceae 억새속 *Miscanthus*

억새는 우리나라 전역의 산과 들에서 흔하게 자라는 여러해살이풀이며, 가을 늦게까지 꽃 핀 모습이 아름다워 관상용으로 도심 공원이나 정원 같은 주변에 많이 심는다. 갈대는 대부분 물가에서 자라지만 억새는 물가뿐만 아니라 산지 들판에서도 잘 자란다.

우리나라와 일본, 대만, 중국 동북지방, 러시아 극동지방 등에도 분포하는 것으로 알려져 있다.

억새꽃 핀 모습 촬영 9월 13일 대전청사공원
억새는 꽃 핀 모습이 단정하고 멋있어 도심 공원에 관상용으로 많이 심는다.

 꽃가루 알레르기 영향

보통 가을철 꽃가루 알레르기 하면 쑥, 돼지풀, 환삼덩굴 등 잡초에 의한 알레르기를 먼저 생각하는데, 억새와 갈대는 벼과(Poaceae)에 속하면서 9~10월에 많은 양의 꽃가루를 날려 앞으로 이들에 대한 조사가 더 필요할 것으로 판단된다.

억새 꽃차례
꽃은 9월에 피는데 이삭꽃차례가 산방꽃차례처럼 달리며, 노란빛이 도는 흰색이다.

억새꽃 수술과 암술 촬영 9월 10일 대전 지역
수술은 수술대에 대롱대롱 매달려 꽃가루가 바람에 잘 날릴 수 있게 되어 있고, 암술은 꽃가루받이를 잘할 수 있게 갈라져 있다.

형태적 특성

잎은 아래쪽에서 줄기를 완전히 둘러싸며 녹색이고 가운데 흰색의 잎줄이 있다. 잎 가장자리에는 딱딱한 잔 톱니가 있어 날카롭고 잘못 만지면 손을 벨 수도 있다. 억새 이름이 잎이 억세어 몸에 상처를 내게 한다는 데서 유래하였다고 한다. 작은이삭(소수)은 대가 없는 것과 있는 것 1쌍이 마디마다 달리고, 호영은 길이 8~15mm의 까락이 난다. 이삭꽃차례 가지는 10~25개, 길이 15~30cm이다.

물억새 *Miscanthus sacchariflorus* 미스캔투스 사카리플라루스

(영) common reed | 벼과 Poaceae 억새속 *Miscanthus*

억새가 산과 들에서 흔하게 자라는 데 비하여 물억새는 강가나 습지에 자라는 여러해살이풀이다. 우리
나라 전역에 나며, 러시아 극동, 일본, 중국 등에도 분포한다

물억새

물억새 촬영 10월 11일 금강 하구 지역

강가 습지에 가득하게 꽃이 핀 물억새.

물억새 꽃차례 촬영 9월 17일

꽃차례는 부채 모양의 산방꽃차례이고 흰색이다. 은빛 꽃이삭이 부드러우며 털이 다발로 있고 억새보다 잎이 부드럽다. 억새에 비해 흰색 털이 길고 소수에 까락이 없으므로 만지면 부드러운 느낌이 든다.

줄 *Zizania latifolia* 지자니아 라티폴리아

벼과 Poaceae 줄속 *Zizania*

강이나 하천, 습지, 물웅덩이 주변 등에서 흔하게 자라는 여러해살이풀로 갈대나 부들과 같이 뿌리와
줄기 밑동이 물속에서 자라는 수생식물이다.
아시아가 원산지로 우리나라에서 흔히 볼 수 있는 식물이다.

줄 촬영 9월 13일
줄은 보통 다리가 쑥쑥 빠지는 펄이 깊은 진흙땅에서 잘 산다.
땅속줄기는 굵고 옆으로 뻗고, 줄기는 곧게 자라며 높이 80~200cm까지 자란다.

줄 꽃차례 촬영 9월 4일

꽃은 8~9월에 피는데 원추꽃차례로 달리고, 수술의 꽃가루주머니(약, 꽃밥)에서는 꽃가루가 날리고 암술머리는 꽃가루를 잘 받을 수 있게 깃털처럼 갈라져 있다.

줄(줄풀)의 용도

줄은 예로부터 실생활에서 줄기와 열매를 가축 사료로 사용하였다. 민간요법으로 각종 질환에 약초로 사용하는 등 다양하게 쓰였다.

줄 꽃차례, 암술과 수술 촬영 9월 4일

PART 03

Asteraceae/ Weeds

국화과(Asteraceae/Compositae)와 잡초(Weeds)

병원에서 알레르기 검사 결과를 설명할 때 통상 수목화분, 목초화분, 잡초화분으로 구분하여 꽃가루가 날리는 계절을 설명한다. 대체로 수목화분은 봄철 3~5월에, 목초화분은 5~8월인 초여름부터 여름까지, 잡초화분은 가을철 9~11월에 꽃가루가 날린다고 한다. 이 중 잡초화분으로 분류되는 식물에는 쑥, 돼지풀, 환삼덩굴, 질경이, 민들레, 소리쟁이, 털비름, 쐐기풀, 명아주 및 불란서국화 등이 알레르기 검사항목으로 포함되는데 각각의 식물을 살펴보면 가을철에 꽃가루를 날리지 않는 식물도 꽤 많이 있다. 특히, 소리쟁이, 질경이, 민들레는 4~6월부터 꽃이 핀다.

흔히 말하는 잡초(雜草, weed)에 대한 정의를 찾아보면 '잡초는 인간에 의해 재배되지 않고 저절로 나서 자라는 여러 가지 잡다한 풀'로서 때와 장소에 적절하지 않은 식물이다. 즉 잡초란 원하지 않은 식물(an undesirable plant), 귀찮게 하는 식물(a troublesome plant), 해로운 식물(a detrimental plant), 또는 쓸모없는 식물(an useless plant) 등 모두 인간의 관점에서 보면 그다지 원치 않는 식물을 통상적으로 말할 때 사용하는 용어라고 할 수 있다.

잡초 용어에 대한 이러한 정의에 비추어볼 때 봄부터 들판에 무수히 자생하여 자라는 목초도 용도에 따라서는 잡초의 일종에 불과하다. 그러나 꽃가루 알레르기 관점에서는 가을철 꽃가루 알레르기의 주요 원인이 되는 쑥, 돼지풀, 환삼덩굴 등이 주로 8~10월에 많은 양의 꽃가루를 날리면서 호흡기 알레르기의 주요 원인이 되므로 가을철에는 잡초화분에 의한 알레르기가 심하다는 표현을 편의상 사용하는 것으로 보인다.

이러한 잡초화분에 대하여 필자가 진료를 담당하였던 이비인후과의원에서 비염 증세로 내원한 환자를 대상으로 2008년부터 2015년까지 8년 동안 3,423명의 알레르기 피부반응검사를 한 결과, 쑥(mugwort) 14.5%, 돼지풀(ragweed) 10.8%, 민들레(dandelion) 6.4%, (창)질
경이(English plantain) 9.8% 등으로 양성반응이 나타났는데, 특히 쑥과 돼지풀이 높은 양성
반응을 보였다. 〈참고〉 *부록: 통계학적 분석을 통한 교차반응에 관한 연구*

그러나 목초화분에서 언급하였듯이 주변에서 흔히 볼 수 있는 갈대, 억새, 강아지풀, 바랭
이, 수크령 등의 벼과 식물도 9~10월에 많은 양의 꽃가루를 날린다. 그러므로 가을철에 나
타나는 알레르기 증세를 잡초화분에 의한 것으로 단정 짓기에는 무리가 있어 보인다.

이 책의 잡초화분 분야에서는 병원에서 알레르기 검사를 하는 쑥, 돼지풀, 환삼덩굴, 명아
주, 소리쟁이, 민들레 등을 관찰하여 수록하였고, 또한 봄부터 가을까지 주변에서 흔히 관찰
되는 국화과 식물들 중에서, 참취속(*Aster*)의 참취, 개미취, 쑥부쟁이, 미역취, 벌개미취 등
과 쑥갓속(*Chrysanthemum*)의 산국, 감국, 국화, 구절초와 기타 주변에서 흔히 보이는 큰금
계국, 기생초, 망초, 개망초, 엉겅퀴 등에 대하여도 수록하였다.

이러한 수많은 국화과 식물이 봄부터 가을까지 들판에 피고 지고 하면서 호흡기 알레르기
에 얼마나 큰 영향을 미치는지 일일이 확인하기는 힘들지만, 국화과 식물 중에는 관상용 혹
은 장식용으로 사용하는 국화, 애스터(Aster) 등의 식물을 직업적으로 취급하는 경우에는 접
촉성 피부염을 비롯한 꽃가루 알레르기를 유발하는 경우가 다양하게 보고되었으므로, 잡초
화분증을 병원에서 검사하는 몇몇 종류의 식물에 국한하여 판단할 필요는 없어 보인다.

민들레속
Taraxacum 타락사쿰

국화과 Asteraceae 민들레속 *Taraxacum*

민들레속(*Taraxacum*)에는 전 세계적으로 60여 종이 있으며 국내에는 흰민들레(*T. coreanum*), 좀민들레(*T. hallasanensis*), 털민들레(*T. mongolicum*), 산민들레(*T. ohwianum*), 서양민들레(*T. officinale*), 흰털민들레(*T. platypecidum*) 등이 분포하는 것으로 보고되어 있다.

꽃가루 알레르기 영향 (Dandelion)
필자가 진료를 담당하였던 이비인후과의원에서 비염 증세로 내원한 환자를 대상으로 2008년부터 2015년까지 8년 동안 3,423명의 알레르기 피부반응검사를 한 결과, 민들레(dandelion) 항원에 대하여 6.4%의 양성반응을 보였다.

민들레 촬영 5월 5일
민들레는 봄부터 가을까지 전국의 들판에서 꽃이 피고 진다.

털민들레 *Taraxacum mongolicum* 타락사쿰 몽골리쿰

(영) dandelion | 국화과 Asteraceae 민들레속 *Taraxacum*

민들레는 국화과(Asteraceae) 민들레속(*Taraxacum*)으로 여러해살이풀이며, 원뿌리가 땅속 깊게 자라 해가 갈수록 굵고 길어진다. 땅 위의 잎이 손상되더라도 뿌리에서 다시 순이 나와서 자란다. 우리나라 전국의 산야에 자라는 다년초이나 점점 보기 힘들어지는 분류군이다. 도시에서 보이는 민들레는 주로 유럽 원산의 서양민들레이다.

털민들레 총포
꽃은 3~5월에 꽃줄기 끝에 두상화로 피며 노란색이다. 총포(모인꽃싸개)는 길이 1.7~2.0cm, 서양민들레와 달리 뒤로 젖혀지지 않는다. 잎은 원줄기 없이 뿌리에서 나와 옆으로 퍼지며, 길이 20~30cm, 깊게 갈라지고, 가장자리에 톱니가 있다.

일편단심 민들레의 비밀

'일편단심 민들레'라는 노래 가사가 있어서인지 민들레의 번식 방법에 대하여 여러 추측성 이야기가 많다. 그중에서 대표적인 것으로 우리나라 토종민들레는 지조(志操)가 있어 서양민들레와 교배를 안 하고 토종민들레끼리만 교배를 한다는 다소 감성적인 이야기가 많이 알려져 있다. 그러다 보니 '일편단심 민들레'라는 노랫말도 흔히 유행하게 되었다.

그런데 사실은 민들레속(*Taraxacum*) 식물의 번식 특징으로 민들레는 꽃가루 수정 없이 무수정씨앗으로 번식하는 경우가 많다. 다시 말하면 교배가 이루어지지 않고 자손이 번식하는 경우가 많다 보니 부모의 형질을 그대로 자손이 이어받는 '일편단심 민들레'가 되는 것이다. 이러한 무성생식은 자손이 단일 유기체에서 발생하여 한쪽 부모의 유전인자만 상속되는 생식 방식으로, 주로 고세균류, 박테리아와 같은 단세포 유기체들의 일차적인 번식 양식이며, 많은 식물과 곰팡이도 때때로 무성생식으로 번식한다.

그러므로 '일편단심 민들레'의 비밀은 알고 보면 무성생식의 결과로 볼 수 있다.

민들레 암술 확대 사진
꽃은 두상화이면서 설상화로만 이루어진다. 씨앗은 수과이며, 긴 타원형, 갈색, 우산털이 있다.

서양민들레 *Taraxacum officinale* _{터락사쿰 오피시널}

(영) common dandelion | 국화과 Asteraceae 민들레속 *Taraxacum*

유럽 원산의 귀화식물로 우리나라 전역의 들이나 길가에 흔하게 자라는 여러해살이풀이다. 우리나라 토종민들레보다 흔하게 볼 수 있다. 도심 주변에서 흔히 보이는 민들레는 대부분 서양민들레이다.

　서양민들레는 토종민들레와 달리 꽃을 감싸고 있는 총포의 바깥층이 뒤로 젖혀지고, 꽃이 피고 지는 생식기간이 3~9개월로, 생식기간이 3~5개월인 토종민들레보다 길다.

서양민들레 촬영 5월 5일

서양민들레

종포 바깥쪽 조각이 뒤로 젖혀지는 것이 젖혀지지 않는 토종민들레와 다르다. 열매는 삭과, 우산털이 있다. 환경 조건이 나빠지면 꽃가루받이 없이 단성생식으로 씨를 만든다. 잎은 모두 뿌리에서 나며, 타원형 또는 피침형으로 길이 10~30cm, 폭 2~6cm이며, 깃꼴로 갈라진다. 뿌리는 굵고 땅속 깊게 들어간다.

돼지풀속 *Ambrosia* 암브로시아

(영) ragweed | 국화과 Asteraceae 돼지풀속 *Ambrosia*

돼지풀은 북아메리카가 원산지로 돼지풀속(*Ambrosia*)에는 전 세계적으로 약 50여 종이 있으며 국내에는 돼지풀(*A. artemisiifolia*), 단풍잎돼지풀(*A. trifida*), 둥근잎돼지풀(*A. trifida* f. *integrifolia*) 3종이 있는 것으로 알려져 있다.
전국 산야나 낮은 지대의 길가, 나대지 천변 등에 흔히 자라며 강하게 꽃가루 알레르기를 일으키는 식물이다.

돼지풀 촬영 9월 16일

꽃가루 알레르기 영향 (Ragweed)

필자가 진료를 담당하였던 이비인후과의원에서 비염 증세로 내원한 환자를 대상으로 2008년부터 2015년까지 8년 동안 3,423명의 알레르기 피부반응검사를 한 결과, 돼지풀(ragweed) 꽃가루에 대하여 10.8%의 양성반응을 보였다.

위 환자들을 대상으로 한 통계분석에서 돼지풀 꽃가루항원에 양성반응이 나타난 환자는 같은 국화과인 쑥(50.5%)보다 특징적으로 참나무(75.1%), 너도밤나무(72.2%), 자작나무(67.8%), 오리나무(65.7%), 개암나무(65.4%) 등 수목화분에 더 높은 동시 양성률이 나타났다.

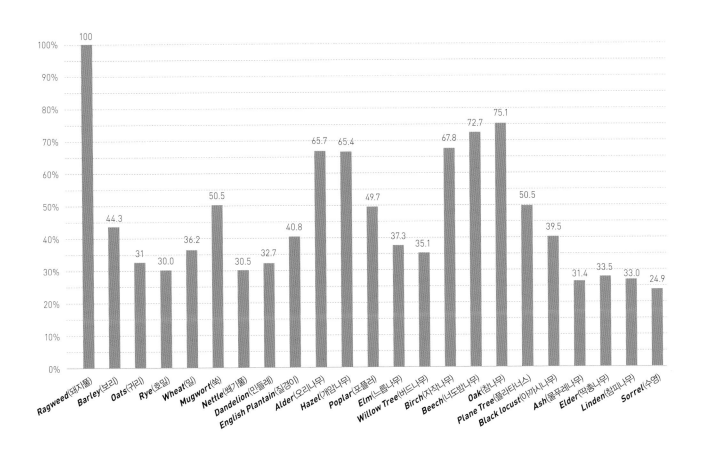

돼지풀 꽃가루에 양성반응이 나타난 환자에서 다른 꽃가루에 양성반응이 나타난 비율

〈참고〉부록 | 알레르기 비염 환자의 피부단자검사에서 통계학적 분석을 통한 교차반응에 대한 연구

돼지풀 *Ambrosia artemisiifolia* 암브로시아 아테미시폴리아

국화과 ^{Asteraceae} 돼지풀속 *Taraxacum*

돼지풀은 도심 주변의 하천가, 나대지 등에서 흔히 발견된다. 돼지풀의 종소명 'artemisiifolia'는 잎 모양이 쑥(Artemisia)과 비슷하여 이름 지어진 것으로 보인다.

서울에서는 양재천, 성내천, 중랑천 등 주요 하천 주변에서 흔하게 볼 수 있다.

돼지풀 꽃차례 촬영 9월 16일

돼지풀은 성장기에는 쑥과 비슷하나 꽃이 필 무렵에 관찰해보면 쑥과 확연하게 구별되는 꽃차례를 볼 수 있다. 꽃은 암수한그루이고 긴 꽃대에 꽃자루가 있는 작은 꽃이 여러 개 어긋나게 붙어 있다. 꽃대 위쪽에는 접시 모양 수꽃이 아래를 향하여 피어 있고, 아래쪽에는 암꽃이 몇 개 달린다.

돼지풀 꽃차례
수꽃은 작은 꽃자루가 달린 총상꽃차례를 이룬다.

돼지풀 수꽃(좌)과 암꽃(우) 촬영 10월 3일
돼지풀은 암수한그루에 암꽃과 수꽃이 따로 달린다. 수꽃은 꽃대 위쪽에서 아래를 향해 피고 암꽃은 아래쪽에서 위를 향해 핀다. 꽃은 주로 8~10월에 황록색으로 피는데 많은 양의 꽃가루가 날리고 알레르기 항원성이 강해 비염, 결막염, 기관지 천식 등 알레르기 질환을 유발한다.

돼지풀 촬영 7월 12일
돼지풀 잎 모양은 쑥과 비슷하게 생겼으며, 꽃이 피지 않은 성장기 모습에서는 잎 모양만으로 쑥과 구분하기가 쉽지 않으나 쑥과 다른 점은 돼지풀 줄기에는 거친 털이 나 있다.

꽃가루 알레르기를 일으키는 식물들을 싹 다 없애버릴 수는 없나요?

의학적으로 알레르기 질환에 대한 치료요법 중에는 원인이 되는 물질을 멀리하는 회피요법이 있다. 이 책의 내용이 **〈나를 괴롭히는 꽃, 꽃가루 알레르기 도감〉**이다 보니 혹시라도 알레르기를 일으키는 식물들을 주변에서 다 제거하면 어떨까 하고 생각할지도 모르겠으나, 만일 그렇게 한다면 살아남는 식물은 하나도 없을지 모른다.

우리나라 산림의 대부분을 차지하는 참나무, 소나무와 가로수로 심어놓은 은행나무, 느티나무, 플라타너스 그리고 들판에 무수히 자라는 잡초와 식량을 얻기 위하여 재배하는 곡식들 이러한 모든 식물이 불행하게도 어떠한 사람들에게는 심한 알레르기 증세를 일으키는 꽃가루를 날린다. 그러므로 비록 많은 사람에게 알레르기 질환을 일으키는 식물이라도 그것들을 다 제거하는 것은 불가능하다.

결국 꽃가루 알레르기가 의심되는 환자들은 알레르기 위험도가 높은 식물들에 대하여 알레르기 검사를 통하여 원인을 확인하고 개인적인 차단요법과 적절한 약물요법, 면역요법 등의 도움을 받고 증세를 잘 조절하면서 생활하여야 할 것으로 보인다.

형태적 특성
높이는 1m 정도로 전체에 짧은 털
이 있고 가지가 많이 갈라진다. 잎 모
양은 돼지풀 종명에 들어 있는 '*arte-
misiifolia*(쑥을 닮은 잎이라는 뜻)'에
서 알 수 있듯이 쑥잎과 비슷하다.

돼지풀 촬영 7월 12일

단풍잎돼지풀 *Ambrosia trifida* 암브로시아 트라이피다

(영) buffalo weed/giant ragweed | 국화과 Asteraceae 돼지풀속 *Ambrosia*

단풍잎돼지풀은 일반적으로 2m까지 자라고 돼지풀에 비해 키가 커서 'giant ragweed'라고도 하는데 토양이 비옥하고 습한 지역에서는 6m까지도 성장하는 것으로 알려져 있다. 잎은 단풍잎처럼 3~5개로 깊게 갈라진다. 북미 원산으로 강한 항원성을 지닌 알레르기 유발 식물로 우리나라 전역에 퍼져 있다.

단풍잎돼지풀 촬영 9월 21일 대전 갑천변
단풍잎돼지풀은 높이 자라며, 잎과 가지는 마주나고 줄기에서 마주난 가지 끝에 8~10월 늦게까지 많은 양의 꽃이 핀다.

높게 자란 단풍잎돼지풀 촬영 10월 4일

토양이 비옥하고 습한 지역에서는 6m까지도 성장하는 것으로 알려져 있다.

하천가에 자라는 단풍잎돼지풀 촬영 7월 12일

단풍잎돼지풀은 번식력이 강하고 성장이 매우 빨라 생태계 교란 식물로 지정되어 있다.

단풍잎돼지풀 꽃차례

꽃은 암수한포기로 피며, 가지 끝에서 접시 모양의 꽃이 총상꽃차례를 이루어 달리고, 노란빛이 도는 녹색이다. 꽃차례 위쪽에는 수꽃이 달리고, 아래쪽에는 암꽃이 몇 개 달린다. 수꽃은 긴 꽃대를 따라 꽃자루에 매달리고 지름은 2~4mm, 하나의 수꽃에는 꽃가루주머니가 3~25개 정도 들어 있다. 암꽃은 수꽃 아래쪽 잎겨드랑이에 몇 개씩 뭉쳐난다.

헷갈리는 돼지풀 용어

돼지풀(*Ambrosia*)을 영어로 'pigweed'라 부르면 안 되는 이유가 있다.

보통 영어권 나라에서는 우리말 '돼지풀'에 해당하는 'pigweed'는 식용이 가능한 비름과(Amarataceae) 식물을 말할 때 사용하는데, 우리나라에서는 'ragweed'를 돼지풀로 이름 지어서 혼돈을 초래하였다. 돼지풀에 대한 명칭은 영명 'ragweed'에 대하여 일본인 식물학자가 돈초(豚草)라고 잘못 번역한 것을 우리나라에서 그대로 직역한 결과 돼지풀이 되었다고 한다.

우리말 '돼지풀'과 영어 'pigweed'는 서로 다른 식물을 가리킨다. 그러므로 '돼지풀'을 영어로 직역하여 'pigweed'로 설명하거나 번역한다면 혼돈이 올 수 있다. 돼지풀에 대하여서는 반드시 학명 '*Ambrosia*'를 사용하여 구분해야 할 것으로 판단된다.

돼지풀
열매는 수과로 둥근 모양이고 둘레에 작은
돌기가 있으며, 길이 3∼5mm, 끝이 뾰족
하다.

둥근잎돼지풀 *Ambrosia trifida* f. *integrifolia*
암브로시아 트라이피다

국화과 Asteraceae 돼지풀속*Ambrosia*

단풍잎돼지풀과 달리 잎이 갈라지지 않는다. 그러나 일부는 같은 줄기에 갈라진 잎과 갈라지지 않은 잎이 섞여 있어 단풍잎돼지풀의 일종으로 보기도 한다.

둥근잎돼지풀
돼지풀을 관찰하다 보면 대체로 한 줄기에 단풍잎 모양과 둥근 잎이 같이 달려 있는 경우가 많고 둥근 잎만으로 된 돼지풀은 관찰하기가 쉽지 않다.

둥근잎돼지풀

돼지풀 미스테리

돼지는 돼지풀을 잘 먹을까요?

돼지풀의 속명인 'Ambrosia'는 '신들이 먹는 음식 혹은 맛있는 음식'이라는 뜻이 있는데, 돼지풀은 너무 쓴맛이라 돼지뿐만 아니라 다른 동물도 잘 먹지 않는다고 한다. 아마도 그래서 역설적으로 신을 위한 음식이라고 이름 지은 것이 아닐까 하는 추측도 있다.

돼지풀은 돼지와 아무런 상관이 없지만 아메리카 원주민들은 민간요법으로 곤충에 물리거나 열이 날 때, 설사 등의 다양한 증세에 돼지풀을 사용하였다. 최근 국내 산림환경연구소에서는 돼지풀이 폴리페놀을 함유하여 항산화 효과가 높으므로, 활용이 가능한 기능성 자원으로 연구된 내용이 보고되었다.

소리쟁이속 *Rumex* 루멕스

(영) **sorrel** | 마디풀과 Polygonaceae 소리쟁이속 *Rumex*

소리쟁이속(*Rumex*)에는 전 세계적으로 200여 종이 있으며, 우리나라에는 소리쟁이 (*R. crispus*), 금소리쟁이(*R. maritimus*), 좀소리쟁이(*R. nipponicus*), 참소리쟁이(*R. japonicus*), 돌소리쟁이(*R. obtusifolius*), 수영 (*R. acetosa*), 애기수영(*R. acetosella*) 등이 자생하는 것으로 알려져 있다.

꽃가루 알레르기 영향 (Sorrel)

알레르기 검사항원에 표시된 'sorrel' 은 주로 수영(*R. acetosa*)을 지칭하나 다른 소리쟁이속 식물에도 사용하는 명칭으로 판단된다.

필자가 진료를 담당하였던 이비인후과의원에서 비염 증세로 내원한 환자를 대상으로 2008년부터 2015년까지 8년 동안 3,423명의 알레르기 피부반응검사를 한 결과, 'sorrel' 항원에 대하여 4.5%의 양성반응이 나타나 다른 꽃가루항원에 비하여 비교적 낮은 알레르기 양성반응을 보였다.

소리쟁이

소리쟁이 *Rumex crispus* 루멕스 크리스프스

마디풀과 Polygonaceae 소리쟁이속*Rumex*

소리쟁이는 길가, 들, 습지, 황무지, 경작지 주변 등에서 자라는 여러해살이풀이다. 수영(Rumex acetosa)과 구별되는 특징으로는 뿌리가 굵고 곧추 뻗는다는 점이다.

소리쟁이 이름의 유래는 잎이 주름져 있어 바람이 불면 소리가 나고 또 열매가 익을 때 바람이 불면 열매가 서로 부딪히는 소리가 나서 붙여진 이름이라고 한다. 소루쟁이, 송구지라고도 한다. 우리나라 전역에 나며 북아프리카, 북아메리카, 아시아 등 전 세계에 분포한다.

소리쟁이 촬영 6월 18일

줄기는 높이 60~120cm, 세로로 줄이 많으며 종종 자색을 띤다. 잎은 긴 타원형으로 길이 15~25cm, 폭 2~6cm이며, 끝은 뾰족하고 잎 가장자리는 물결 모양이다. 뿌리잎과 아래의 줄기잎은 긴 잎자루가 있으나 윗부분의 줄기잎은 비교적 잎의 크기가 작으며, 잎자루도 짧다.

소리쟁이

꽃은 5~7월에 피는데 잎겨드랑이나 줄기
끝에 돌려 달린다. 꽃자루는 가늘고 길다.
화피편은 녹색이며 난형으로 수술은 6개,
암술은 3개이다.

참소리쟁이 열매

열매의 화피편에 톱니가 있다.

소리쟁이 열매

열매의 화피편에 톱니가 없다. 소리쟁이 열매는 수과, 7~8월에 익는데 세모진 난형으로 열매의 화피편에 톱니가 없다. 참소리쟁이에 비해 잎 가장자리에 주름이 많고, 열매의 내화피편에 톱니가 없으므로 구별된다.

명아주속 *Chenopodium* _{체노포디움}

(영) goosefoot/lamb's quarters | 명아주과 Chenopodiaceae 명아주속 *Chenopodium*

명아주는 전 세계 대부분 지역에 분포하고 구스풋(*goosefoot*)으로 알려져 있는 다년생 혹은 일년생 초본 식물이다. 명아주속에는 170여 종이 있는데 우리나라에는 명아주(*C. album*), 가는명아주(*C. album var. stenophyllum*), 양명아주(*C. ambrosioides*), 바늘명아주(*C. aristatum*), 참명아주(*C. gracilispicum*), 둥근잎 명아주(*C. acuminatum*) 등이 있다.

명아주

명아주는 밭, 길가, 초지, 빈터 등에 흔하게 자라는 한해살이풀로, 줄기는 높이 3m까지 자라고 가지를 많이 치며, 녹색 또는 보라색을 띤 붉은 색 줄이 뚜렷하다.

명아주 꽃차례 촬영 9월 12일

꽃은 양성화로 7~10월에 피는데 황록색이며, 가지 끝과 잎겨드랑이에 이삭꽃차례가 모여 원추꽃차례를 이룬다. 화피 조각은 5갈래로 깊게 갈라지며, 수술은 5개이다.

명아주의 또 다른 이름 램스쿼터 (Lamb's quarters)

유럽에서는 명아주(*Chenopodium album*)를 주로 '램스쿼터Lamb's quarters'라 부르는데, 영국의 추수 감사 축제인 라마스 축제(Lammas quarter day)에서 유래한 것으로 추측된다. 이 축제에서는 제물이 되는 희생양(sacrificial lambs)과 명아주(*C. album*)가 함께 사용되었다고 한다.

명아주 나물과 지팡이

명아주는 한해살이풀임에도 불구하고 줄기와 뿌리가 상당히 견고하여 예로부터, 뿌리째 뽑아 다듬어서 가볍고 단단한 지팡이로 만들어 사용했다. 이를 청려장이라 한다. 명아주는 수천 년 전부터 유럽과 아메리카 원주민 사이에서 재배되었고, 어린잎은 채소로 식용되었다. 우리나라에서도 어린잎은 나물로 식용한다.

명아주 성장기 잎 모양
잎은 어긋나며 달걀 모양 또는 마름모 난형이다. 잎 양면에 가루 모양 털이 있어 흰색으로 보이며 성숙하면 뒷면만 흰색으로 보인다. 잎 가장자리는 불규칙한 톱니 모양이다.

비름속 *Amaranthus* 아마란투스

(영) pigweed | 비름과 Amaranthaceae 비름속 *Amaranthus*

비름속 식물은 인도 원산으로 알려져 있으나 전 세계에 널리 분포하며, 한해살이풀로 우리나라 밭이나 길가 빈터에 흔히 자란다.

비름속(*Amaranthus*)에는 전 세계적으로 60여 종이 있고 우리나라에는 털비름(*A. retroflexus*), 민털비름(*A. powellii*), 가는털비름(*A. patulus*), 긴털비름(*A. hybridus*), 개비름(*A. lividus*), 비름(*A. mangostanus*) 등 10여 종이 있는 것으로 알려져 있다.

비름(Pigweed)에 관한 이해

1 영어권에서는 비름속(*Amaranthus*) 식물들을 돼지풀을 뜻하는 'pigweed'라 흔히 말하고, 우리나라에서는 'ragweed(*Ambrosia*)'를 돼지풀이라 부른다. 이는 서로 다른 식물이다.

2 국내 알레르기 항원검사에 사용되는 'Pigweed'는 개비름, 털비름 등으로 번역되어 있으나 꽃가루 알레르기 검사는 대체로 속(Genus)의 범주에서 판단하므로, 비름속 전체 식물로 간주하여야 할 것으로 보인다. 한편, 예전에 명아주과로 분류하던 종들도 비름과로 분류하면서 명아주(*Chenopodium*)도 'Pigweed'라 부르기도 한다.

3 우리나라 민간에서 비름을 나물로 식용하는데, 대체로 줄기에 털이 없으며 잎이 부드럽고 맛이 순한 것은 참비름이라 하고, 줄기에 털이 있으며 잎이 거칠고 맛이 쓴 것은 개비름이라 칭하는데 이는 비름의 학문적인 분류와는 차이가 있다.

4 쇠비름과 비름은 다른 식물이다. 쇠비름(*Portulaca oleracea*)은 쇠비름과에 속하는 한해살이풀로, 비름(*Amaranthus*)하고 이름은 비슷하지만 식물분류상 과(科)가 다른 별개의 식물이다.

털비름 *Amaranthus retroflexus* <small>아마란투스 레트로플렉수스</small>

비름과<small>Amaranthaceae</small> 비름속<small>Amaranthus</small>

흔히 보는 비름의 외형 촬영 9월 11일

줄기는 곧게 서며 높이 1.0∼1.5m, 잎자루는 길이 3∼8cm이다. 잎은 어긋나며 긴 타원형이고 길이 5∼10cm, 폭 2∼8cm이다.

털비름 꽃차례 촬영 8월 23일~10월 3일

꽃은 7~8월에 연한 녹색으로 잎겨드랑이
와 가지 끝에 이삭꽃차례로 달리며, 털이
많다. 식물체 전체에 짧은 털이 있다. 줄기
는 능선이 있고 곧게 서며, 가을철에 붉게
변하기도 한다. 잎자루는 길이 3~8cm이
다. 잎은 어긋나며 긴 타원형이고 뒷면의
맥에 부드러운 털이 있다.

쑥속 *Artemisia* 아테미시아

국화과 Asteraceae 쑥속 *Artemisia*

쑥은 국화과(Asteraceae)에 속하며, 우리나라뿐만 아니라 전 세계적으로 널리 분포한다. 쑥속(*Artemisia*)에 속하는 쑥 종류는 200~300여 종이나 되고, 우리나라에 자생하는 쑥 종류도 30여 종이나 되는 것으로 알려져 있다. 그중에서 주변에서 흔히 볼 수 있는 종류로는 쑥(*A. princeps*), 개똥쑥(*A. annua*), 사철쑥(*A. capillaris*), 참쑥(*A. dubia*), 더위지기(*A. iwayomogi*) 등이 있다.

알레르기 항원에 표기된 'Mugwort'는 쑥 중에서 주로 유럽과 미국 동부지역에 주로 분포하는 것으로 알려진 '*Artemisia vulgaris*(common mugwort)'를 가리킨다.

이 밖에도 'Mugwort'로 불리는 쑥 종류들
Chinese mugwort(*A. argyi*),
Douglas mugwort(*A. douglasiana*),
Oriental mugwort(*A. indica*),
Japanese mugwort(*A. japonica*),
white mugwort(*A. lactiflora*),
Norwegian mugwort(*A. norvegica*),
Korean mugwort(*A. princeps*).

꽃가루 알레르기 영향 (Mugwort)

쑥은 우리나라에서 7~9월 많은 양의 꽃가루를 날리는데 돼지풀, 환삼덩굴과 함께 가을철 꽃가루 알레르기의 주요 원인으로 알려져 있다.

필자가 진료를 담당하였던 이비인후과의원에서 비염 증세로 내원한 환자를 대상으로 2008년부터 2015년까지 8년 동안 3,423명의 알레르기 피부반응검사를 한 결과, 쑥(mugwort) 꽃가루항원에 대하여 14.6%의 양성반응이 나타나 상당히 높은 알레르기 양성반응을 보였다. 그러나 쑥 꽃이 피는 시기는 대체로 7~9월 한여름에서 초가을로, 임상적으로 환자들이 가을철 꽃가루 알레르기가 심한 9월~11월 시기와는 완전히 일치하지는 않아 보인다.

한편 위의 환자들을 대상으로 한 통계분석 결과 쑥 꽃가루항원에 양성반응을 보인 환자는 잡초류 중에서 돼지풀 항원에 37.6%, 민들레 항원에 33.5%, 질경이 항원에 31.7%의 동시 양성반응을 보였으나 다른 항원과 큰 차이를 보이지는 않았다.

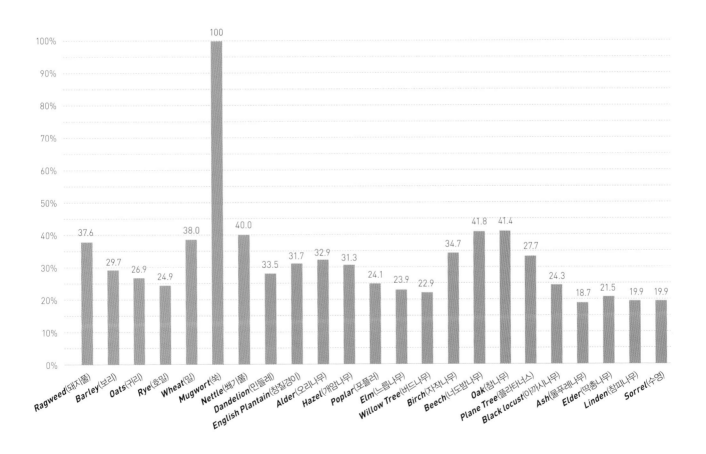

알레르기 피부반응검사에서 돼지풀 꽃가루에 양성반응이 나타난 환자에서 다른 꽃가루가 양성반응이 나타난 비

〈참고〉부록 | 알레르기 비염 환자의 피부단자검사에서 통계학적 분석을 통한 교차반응에 대한 연구

쑥 *Artemisia princeps* 아테미시아 프린셉스

(영) Korean mugwort | 국화과 Asteraceae 쑥속 *Artemisia*

쑥은 산과 들의 양지바른 경작지 주변, 숲 가장자리 풀밭에서 자라는 여러해살이풀로 우리나라 전역에 나며, 일본, 중국 만주 등에도 분포한다. 봄철에 새로 나는 잎은 식용하며 약용으로도 널리 쓰인다. 약쑥 또는 타래쑥이라고도 한다.

쑥 꽃봉오리 맺힌 모습 촬영 9월 10일
쑥꽃은 매우 작아 눈으로 식별하기 힘들지만 머리모양꽃차례를 이루며 7~9월 꽃이 피는 시기에 많은 양의 꽃가루를 날린다.

쑥 성장기 모습

전체에 거미줄 같은 털이 있으며, 원줄기는 세로로 능선이 있고, 높이 60~120cm로 자란다. 뿌리잎과 밑부분의 잎은 후에 시들며, 줄기의 잎은 헛턱잎이 있고 깃털 모양으로 잎이 깊게 또는 중앙까지 갈라진다. 갈래조각은 2~4쌍이지만 위로 올라가면서 잎이 작아지고 갈래조각 수도 줄어 단순한 잎이 된다.

쑥 꽃차례 촬영 7월 15일

꽃은 7~9월에 담홍자색으로 피는데 지름 1.5~2mm 크기로 육안으로 알아보기 힘들 정도로 작다.

노란색 꽃가루를 방출하는 모습

꽃은 총포는 3~4mm 긴 타원형의 종 모양이고, 머리 모양 꽃은 노란색에서 적갈색을 띠며, 가장자리에는 7~10개의 실 모양의 암술이 뻗어 있고, 내부에는 8~20개의 통꽃이 있다. 열매는 9~10월에 익는다.

쑥 꽃봉오리 맺힌 모습

쑥의 용도

쑥은 단군신화에도 나오듯이 한반도에서 오래전부터 식용·약용하여왔는데 서양에서도 오래전부터 수프, 샐러드 등 재료로 조리하였으며, 고기 요리에 향기로운 허브로 사용하였고, 홉이 대중화될 때까지 맥주의 향료로 일반적으로 사용하였다고 한다.

또한, 쑥은 고대로부터 여러 질병을 완화하는 데 사용된 것으로 알려져 있는데 속명인 'Artemisia'는 어원이 고대 그리스 신 'Artemis'에서 온 것으로 'Artemis'는 출산의 수호신으로 쑥이 특별히 여성들의 질병을 치료하는 데 많이 사용되었다는 것을 알려준다. 그뿐만 아니라 쑥은 야생동물, 악령 등 나쁜 기운이나 액을 물리치는 힘이 있다고 믿었다.

더위지기 *Artemisia gmelinii* 아테미시아 그멜리니

국화과 Asteraceae 쑥속 *Artemisia*

쑥은 종류도 많고 모양도 비슷하다 보니 민간에서 부르는 이름이 혼용되거나 혼돈하여 사용하는 경우
가 많아 보인다. 정식 명칭은 '더위지기'이나 산인진, 한인진, 부덕쑥, 애기바위쑥, 인진쑥 등 여러 다른
이름으로 불리기도 한다.
더위지기 이름의 유래는 민간에서 여름에 더위를 먹고 쓰러지거나 하였을 때 즙을 내어 냉수에 타 먹으
면 증상이 없어진다고 하여 더위지기라는 이름이 붙었다고 한다.

더위지기 촬영 5월 5일 대전 한밭수목원
더위지기는 산과 들의 양지바른 곳에 자라는 반떨기나무이다. 땅속줄기는 나무질이다.

더위지기 꽃 촬영 10월 1일

꽃은 8~10월에 노란색으로 피며, 총포는 반구형으로 지름 2.0~3.5mm이다. 암술은 10~12개로 가는 실 모양이고, 내부의 작은 꽃은 20~40개이다.

 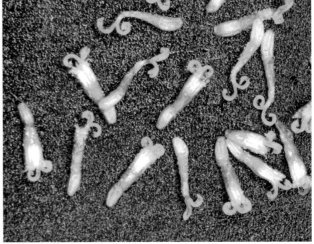

암술 확대 사진 및 암술 모습

개똥쑥 *Artemisia annua* 아테미시아 아뉴아

국화과Asteraceae 쑥속*Artemisia*

개똥쑥은 줄기, 잎 모두 녹색을 띠어 한자로는 청호(靑蒿)라 부른다. 어릴 때의 잎 모양은 더위지기, 돼지풀과 비슷하여 자세히 보며 구별할 필요가 있다. 요즘은 개똥쑥을 약재의 원료로 사용하기 때문에 이를 재배하는 농가가 많이 있다.

개똥쑥 촬영 9월 15일
줄기는 높이 1m가량의 녹색이고, 식물체 전체에 털이 없고, 가지가 많이 갈라진다. 꽃은 8∼9월에 피는데 머리모양꽃차례이다. 개똥쑥을 손으로 비비면 개똥 비슷한 냄새가 난다고 하여 개똥쑥이라 이름지었다고 한다.

알쏭달쏭 단군신화 속의 쑥

쑥은 아주 오래전부터 한반도에서 약초 혹은 나물로 식용해온 것으로 추측된다. 단군신화에 나오는 웅녀 이야기에서 곰과 호랑이가 하늘의 아들인 환웅을 찾아와 사람이 되게 해달라고 청했을 때 환웅은 곰과 호랑이에게 마늘과 쑥만 먹고 동굴에서 100일 동안 생활하라고 말하였다. 그런데 왜 쑥과 마늘이었을까? 신화에 담긴 내용을 정확히 알기는 힘들지만 비교적 많이 알려진 가설은 마늘과 쑥의 상징성 때문이라고 한다. 예로부터 쑥과 마늘은 나쁜 기운이나 액을 물리치는 기운이 있다고 믿어왔다. 환웅이 곰과 호랑이에게 사람이 되는 조건으로 제시한 마늘과 쑥의 섭취는 나쁜 것을 털어내고 좋은 것을 받아들인다는 의미라고 한다.

한편, 흔히 초토화된 상황을 빗대어 '쑥대밭이 되었다'라는 말을 쓰곤 한다. 쑥은 생명력이 강하여 화재 등으로 황폐해진 땅에서도 쑥이 제일 먼저 자라서, '쑥대(쑥의 줄기)+밭'으로 '쑥이 무성한 밭'이라는 의미가 있다. 혹은 '쑥+갈대'를 포함하여 비슷한 상황을 두고 '쑥대밭이 되었다'는 말을 사용하게 되었다고 한다.

개똥쑥 촬영 9월 15일

사철쑥 *Artemisia capillaris* 아테미시아 캐펄래리스

국화과 Asteraceae 쑥속 *Artemisia*

길가나 강가, 낮은 산지 등에서 자라는 여러해살이풀이며 줄기는 나중에 나무처럼 목질화된다.
우리나라 전역에 나며, 러시아, 몽골, 일본, 중국, 동남아시아 등에 분포하고, 성장 시기에 따라 형태 변이가 심하다. 어린잎은 식용하며, 전초는 약용한다.
한의학이나 민간에서 약재로 쓰이는 인진쑥 혹은 인진호(茵蔯蒿)는 사철쑥의 지상부를 말하며, 사철쑥의 어원은 겨울에도 줄기가 죽지 않고 사철 살아 있다고 해서 사철쑥이라 부르게 되었다고 한다.

사철쑥 촬영 1월 28일 제주도
줄기는 곧추서며, 높이 40~110cm이고, 밑부분이 나무질(목질)이다. 줄기에서 나는 잎은 실오라기처럼 가늘게 갈라지고 털이 없다.

사철쑥 꽃과 열매 촬영 11월 22일

사철쑥은 줄기와 가지가 붉은색을 띤다. 사철쑥 종소명 'capillary'는 모세혈관을 뜻하는 용어로, 성장한 줄기 윗부분은 붉은색을 띠며 가늘게 갈라진다.

사철쑥

꽃은 8~9월에 줄기와 가지 끝에 머리모양꽃으로 많은 꽃이 피는데 총포는 종 모양이고 꽃잎은 없으며 달걀꼴로 꽃대에 매달려 있다.

질경이 *Plantago asiatica* 플란타고 아시아티카

질경이과 Plantaginaceae 질경이속*Plantago*

질경이과 질경이속에는 전 세계적으로 300여 종이 있으며, 우리나라에는 질경이속(*Plantago*)에 질경이 (*P. asiatica*), 창질경이(*P. lanceolata*), 왕질경이(*P. major var. japonica*), 미국질경이 (*P. virginica*), 개질경이(*P. camtschatica*) 등 10여 종이 있는 것으로 알려져 있다.

질경이는 들이나 길가에서 자라는 여러해살이풀로 생명력이 매우 강하여 차 바퀴나 사람의 발에 짓밟혀도 다시 살아나는 질긴 목숨이라는 뜻에서 질경이라는 이름이 지어졌다고 한다.

질경이
뿌리는 수염뿌리 형태로 자라며 줄기는 없고 잎은 뿌리에서 모여난다. 잎은 길이 4~15cm, 폭 3~8cm로 긴 타원형으로 나란히맥이 뚜렷하고 가장자리에 물결 모양의 톱니가 있으며, 끝이 뭉툭하고 잎자루에 달린다.

질경이 꽃차례 촬영 6월 22일

꽃은 5~9월에 10~50cm의 꽃줄기 위쪽에 이삭꽃차례로 피며, 노란빛이 도는 흰색이다. 꽃차례는 길이 4~20cm이다.

질경이꽃 암술과 수술의 확대 사진

꽃부리는 깔때기 모양, 끝이 4갈래로 갈라진다. 수술은 꽃부리 밖으로 길게 나온다. 꽃밥은 심장 모양이다. 열매는 8월에 결실한다.

●**이삭꽃차례** 무한화서(無限花序)의 하나. 한 개의 긴 꽃대 둘레에 여러 개의 꽃이 이삭 모양으로 피는 화서이다. '수상화서'라고도 한다.

창질경이 *Plantago lanceolata* 플란타고 랜시올라타

(영) English plantain | 질경이과 Plantaginaceae 질경이속 *Plantago*

창질경이는 유럽이 원산지로 우리나라 전국에 분포하고, 길가나 주변 풀밭, 들판 등에서 자주 발견된다. 잎과 꽃이삭이 창 모양인 것이 특징적으로, 쉽게 구분된다. 창질경이 이름의 유래는 잎이 좁고 긴 것을 창에 비유하기도 하고, 또는 긴 꽃대에 뾰족한 꽃봉오리가 찌르는 창을 닮아서 붙여진 이름이기도 하다.

창질경이 촬영 5월 3일 서울 한강변

꽃가루 알레르기 영향 (English plantain)
필자가 진료를 담당하였던 이비인후과의원에서 2008년부터 2015년까지 8년 동안 비염으로 내원한 환자 중 3,423명을 대상으로 알레르기 피부반응검사를 한 결과, (창)질경이(English plantain) 꽃가루항원에 대한 알레르기 양성률은 9.8%의 양성반응을 보였다.

창질경이 꽃핀 모습 촬영 5월 3일

잎은 뿌리줄기에서 모여 나고 피침형이고, 길이는 10~30cm 정도이며, 폭 1.5~3cm이다. 창처럼 생겼으며 끝은 뾰족하며 똑바로 선 것처럼 보인다.

창질경이 꽃차례 서울 한강변
꽃은 5~9월에 길이 30~60cm의 꽃줄기 끝에 흰색 꽃이 이삭꽃차례로 피는데, 꽃이삭 아래에서 위로 올라가면서 핀다. 꽃가루를 담고 있는 수술은 수술대에 길게 매달려 있어 바람에 꽃가루를 잘 날릴 수 있게 되어 있다.

• **이삭꽃차례** 한 개의 긴 꽃대의 둘레에 꽃자루가 없는 여러 개의 꽃이 이삭과 같은 모양으로 피는 것.

환삼덩굴 *Humulus japonicus* 휴물러스 자포니커스

삼과 Cannabaceae 환삼덩굴속 *Humulus*

환삼덩굴은 하천가나 돌보지 않고 방치된 땅에 흔하게 자라며 덩굴성 한해살이풀로 우리나라 전역에 자생하고, 동아시아 지역에 널리 분포하는 것으로 알려져 있다.

삼과(Cannabinaceae)에는 삼속(*Cannabis*)과 환삼덩굴속(*Humulus*)이 있는데 삼속에는 대마의 원료가 되는 삼(*Cannabis sativa*)이 있으며, 환삼덩굴속에는 환삼덩굴(*H. japonicus*)과 맥주의 원료로 쓰이는 홉(*H. lupulus* ; common hop or hops)이 있다.

환삼덩굴 암꽃 촬영 9월 15일

형태적 특성

줄기는 네모진 각이 지며, 길이 2~4m에 이르고, 아래를 향한 거친 가시가 있다. 잎은 마주나며, 5~7갈래로 깊게 갈라져 손바닥 혹은 단풍잎 모양이다. 갈래는 난형 또는 피침형, 가장자리에 규칙적인 톱니가 있고, 양면에 거친 털이 난다.

환삼덩굴 수꽃

꽃은 7~10월에 암수 다른 포기에서 핀다. 수꽃은 5개씩의 꽃받침조각과 수술이 있다.

꽃가루 알레르기 영향 (Humulus)

그동안 국내에 보고된 환삼덩굴의 알레르기 피부반응 양성률은 12%~18% 정도로 비교적 알레르기 항원성이 강한 것으로 알려져 있다.

삼, 홉, 환삼덩굴의 구분

삼(*Cannabis sativa*)은 줄기가 똑바로 서며 가시가 없고, 잎은 5~9갈래로 완전히 갈라진 겹잎이다. 홉(*H. lupulus*)은 환삼덩굴과 같은 속으로 여러해살이풀이며, 잎은 보통 3갈래로 갈라진다. 환삼덩굴은 번식력이 왕성하고 덩굴로 자라며 줄기가 다른 농작물 및 식물에 미치는 피해가 커서 생태 교란 식물로 지정되어 있지만 환삼덩굴을 약재 혹은 나물로 식용하기도 한다.

환삼덩굴

환삼덩굴은 하천가나 돌보지 않고 방치된 땅에 흔하게 자라며 덩굴성 한해살이풀로 우리나라 전역에 분포한다.

왜모시풀 *Boehmeria japonica* 보메리아 자포니카

쐐기풀과 Urticaceae 모시풀속*Boehmeria*

쐐기풀과 모시풀속은 약 100여 종으로 여러해살이 초본식물이다. 아시아부터 북아메리카까지 자생한다. 산과 들에 자라는 여러해살이풀로 우리나라 중부 이남에 나며, 일본에도 분포한다.

왜모시풀 촬영 8월 26일

줄기는 높이 30~80cm로 곧게 서고 덤불을 이루어 자라며 아주 뻣뻣하다. 꽃은 8~9월에 피는데 이삭꽃차례는 원주형이고, 작은이삭은 길이 5mm 정도이다.

꽃가루 알레르기 영향 (Nettle)

모시풀속에 대한 알레르기 검사는 별도로 하지 않지만, 이 식물들은 주변에서 흔히 볼 수 있는 쐐기풀과 식물이다. 알레르기 검사를 시행하는 쐐기풀(nettle)은 주변에서 발견하기 힘들고 흔히 볼 수 있는 식물은 쐐기풀과 모시풀속의 왜모시풀, 개모시풀, 좀깨잎나무, 왕모시풀 등이었다. 필자가 진료를 담당하였던 이비인후과의원에서 비염 증세로 내원한 환자를 대상으로 2008년부터 2015년까지 8년 동안 3,423명의 알레르기 피부반응검사를 한 결과, 쐐기풀(nettle)에 대한 알레르기 피부반응 양성률은 7.6%였다.

왜모시풀

형태적 특성

줄기는 곧게 자라며 높이 80∼100cm, 위쪽에 짧은 털이 빽빽하게 난다. 잎은 마주나며 난상 타원형으로 길이 12∼20cm, 밑부분은 둥글고 끝은 뾰족하며 가장자리에 불규칙한 겹톱니가 있다. 양면에 짧은 털이 있으며, 특히 뒷면에 빽빽하다. 꽃은 7∼9월에 피는데 잎겨드랑이에서 나온 긴 이삭꽃차례에 둥글게 모여 달리며, 수꽃은 꽃차례 아래쪽에, 암꽃은 꽃차례 위쪽에 달린다. 열매는 수과, 길이 2mm 정도이다. 이 종은 잎 가장자리에 불규칙한 이중톱니가 있으므로 규칙적인 톱니 모양인 왕모시풀과 구분되며, 개모시풀에 비해 잎이 두꺼우므로 구분된다.

왜모시풀 충남 공주

좀깨잎나무 *Boehmeria spicata* 보메리아 스피카타

쐐기풀과 Urticaceae 모시풀속 *Boehmeria*

산골짝 냇가 근처의 돌담이나 숲 가장자리에서 비교적 흔하게 무리 지어 자라는 반떨기나무로 줄기는 붉은빛이 돌고 왜모시풀이나 왕모시풀보다 잎의 크기가 작다. 우리나라 전역에 나며, 일본과 중국에도 분포한다.

좀깨잎나무
반떨기나무로 높이는 50~100cm이고 줄기와 잎자루는 붉은빛이 돈다. 왜모시풀에 비하여 잎 크기가 매우 작다.

형태적 특성
잎은 마주나고, 난형이며 끝이 갑자기 꼬리처럼 길어지고 잎밑이 뾰족하며 길이 4~8cm, 폭 2.5~4cm 정도이다. 잎 가장자리에 큰 톱니가 있다. 잎자루는 길이 1~3cm로서 붉은빛이 돈다.

좀깨잎나무 꽃차례 촬영 8월 26일

암수한그루로 7~9월에 꽃이 피며 수꽃차례는 줄기 윗부분의 잎겨드랑이에, 암꽃차례는 밑부분의 잎겨드랑이에 달린다.

산 정상에서 만나는 꽃들은 유난히 매력적이다.

바람에 쉴 틈 없이 흔들려
벌마저 달아날까

꽃은 어느 풀섶에 숨어
수줍게 피어 있다.

산구절초 촬영 9월 20일 덕유산 정상 부근

들국화(국화과) Asteraceae

흔히 '들국화'라고 하면 구절초, 쑥부쟁이, 개미취, 벌개미취, 산국 등 주로 가을철 들판에 피는 몇몇 종류의 국화과 식물과 꽃을 떠올리지만, 실제로 들에 피는 국화과 식물은 이른 봄부터 늦가을까지 수많은 종의 꽃이 피고 진다.

국화과 식물은 무려 1,000속 2만여 종이나 되는 많은 식물이 전 세계에 분포하고 있으며, 꽃이 피는 현화식물 중 가장 많은 종으로 분화되었고, 국내에도 400여 종이 분포하는 것으로 알려져 있다.

이들 국화과 식물 중에는 가을철 들판을 예쁘게 수놓는 쑥부쟁이, 구절초, 감국, 미역취, 산국 등과 같은 식물부터 많은 사람이 좋아하는 해바라기, 민들레 그리고 약초로 많이 사용하는 엉겅퀴, 쑥 등과 돼지풀같이 꽃가루 알레르기를 유발하는 것으로 잘 알려진 식물도 국화과에 속한다.

또한 기생초, 큰금계국, 개망초, 서양민들레처럼 외래종이지만 우리나라에 정착하는 데 성공한 국화과 식물도 주변에서 흔히 볼 수 있다.

국화과 식물의 꽃은 공통적으로 머리모양꽃차례(두상화서 頭狀花序)를 이루어 많은 꽃이 조밀하게 배열되어 마치 하나의 꽃처럼 보인다. 그러나 자세히 살펴보면 두상화를 구성하는 각각의 꽃이 가장자리부터 가운데를 향하여 연속적으로 핀다. 두상화에는 해바라기같이 설상화(혀 모양의 꽃)와 통상화(통 모양의 꽃)로 구성된 꽃과, 민들레처럼 설상화로만 구성된 꽃, 엉겅퀴처럼 통상화로만 구성된 꽃이 있다. 이 중 설상화는 대체로 수분 매개체를 끌어들이는 역할을 한다.

이 책에서는 수많은 국화과 식물 중에서 주변에서 흔히 보는 몇몇을 수록하였다.

국화과 식물 중 꽃가루 알레르기 검사를 하는 식물은 극히 일부에 국한되어 전체적으로 꽃가루 알레르기에 얼마나 영향을 주는지는 모두 확인할 수는 없지만 일부 국화과 식물은 관상용으로 혹은 식용이나 약용으로 많이 재배되기도 하고, 사람들이 좋아하여 주변 가까이에서 볼 수 있는 꽃들이 많다. 이러한 점들을 고려할 때 꽃가루 알레르기 질환을 병원에서 검사하는 몇몇 종류의 항원으로 판단하기에는 한계가 있어 보인다.

벌개미취 *Aster koraiensis* 애스터 코라이언시스

(영) Korean daisy | 국화과 Asteraceae 참취속 *Aster*

국화과의 여러해살이풀이며 한국 특산종으로 벌판에 자라는 '개미취'라 하여 벌개미취라고 이름 지어졌다고 한다. 고려쑥부쟁이라고도 한다.

벌개미취 촬영 9월 29일 서울 올림픽 공원
전국에 분포하며, 햇빛이 잘 들고, 물기가 많은 곳에서 잘 자란다. 키가 작고 잎과 줄기는 단정하며 꽃이 아름다워 공원 등에 관상용으로 많이 심는다.

벌개미취 꽃 촬영 7월 21일~9월 16일

벌개미취는 6월에서 10월까지, 한여름부터 초가을까지 길게 꽃이 피며, 상층부의 꽃은 연한 자주색과 연한 보라색이며 줄기나 가지의 끝에 한 개씩 달린다. 키는 30~60cm까지 자라고, 잎은 길게 뻗어 나며 끝이 뾰족하다.

참취 *Aster scaber* 애스터 스카버

국화과 Asteraceae 참취속 *Aster*

산지 그늘에서 자라는 여러해살이풀이며 어린잎은 나물로 이용하고, 전체를 약으로 쓴다.

예로부터, 우리나라 산나물(구황식물)의 대표적인 것으로 참취, 곰취, 개미취 등이 있는데 그중에서도

참취를 제일로 꼽는다고 한다.

우리나라 전역에서 자라며, 맛과 향이 좋아 일부 지역에서는 식용으로 재배한다.

참취
꽃은 8~10월에 피는데 원줄기와 가지 끝에 산방꽃차례로 지름 2cm 정도의 흰 꽃이 여러 개 달린다. 줄기는 높이 1~1.5m 정도로 자란다.

해국 *Aster spathulifolius* 애스터 스파툴리폴리우스

국화과 Asteraceae 참취속 *Aster*

바닷가에서 자라는 여러해살이풀이며 관상용으로 흔히 심어 기르기도 한다. 우리나라 중부 이남, 제주도, 울릉도 등에 자생하며, 일본에도 분포한다.

해국

꽃은 7~11월에 피는데 줄기와 가지 끝에서 지름 3.5~4.0cm 머리 모양 꽃이 달리며, 연한 보라색 또는 드물게 흰색이다.

전체에 부드러운 털과 샘털이 많다. 줄기는 비스듬히 자라며, 밑에서 가지가 갈라지고, 줄기 아래쪽의 잎은 모여 나며, 꽃이 필 때 마른다.

해국 촬영 9월 30일~10월 14일

개미취 *Aster tataricus* 애스터 타타리커스

국화과 Asteraceae 참취속 *Aster*

산지의 숲 가장자리 습한 곳에 자라는 여러해살이풀로 우리나라 전역에 나며, 중국, 몽골, 일본, 러시아 시베리아 등에 분포한다. 다른 참취속(*Aster*) 식물보다 높게 자라고, 크고 긴 잎이 특징적이다.

개미취
꽃은 8~10월에 피는데 줄기 끝에서 산방꽃차례로 달린다.

개미취 꽃차례 촬영 10월 3일

개미취는 줄기가 곧추서며, 1.5~2.5m 높이까지 자란다. 위쪽에서 가지가 갈라지고, 줄기잎은 어긋나며, 긴 타원형이다. 가장자리에 날카로운 톱니가 있고 밑이 잎자루로 흘러서 날개처럼 된다.

쑥부쟁이 *Aster yomena* 애스터 요메나

국화과 Asteraceae 참취속 *Aster*

햇빛이 비교적 잘 들고, 다소 습기가 있는 곳에서 흔하게 자라는 여러해살이풀이다. 한반도 중부 이남
의 전역, 주로 남부지방에 분포한다.

쑥부쟁이 촬영 9월 2일

여러 가지 다양한 이름의 쑥부쟁이

우리나라에는 쑥부쟁이, 미국쑥부쟁이, 갯쑥부쟁이, 섬쑥부쟁이, 가새쑥부쟁이, 가는쑥부쟁이, 까실쑥부쟁이 등 '쑥부쟁이'라는 이름이 많아
서 식물 분류상 쑥부쟁이속(Genus)이 따로 있는 것처럼 생각할 수 있지만 쑥부쟁이속은 따로 없으며 국화(Asteraceae)과 참취속(*Aster*)에
속한다.

쑥부쟁이 꽃차례

꽃은 8∼10월에 피는데 가지와 줄기 끝에서 머리 모양 꽃이 1개씩 달리며 지름 2.5cm쯤이다. 설상화로 둘러싸인 중앙부의 통 모양 꽃은 노란색이다. 줄기는 위쪽에서 가지가 갈라지고, 높이 30∼100cm다. 뿌리잎은 꽃이 필 때 마른다. 줄기잎은 어긋나며, 긴 타원상 피침형이다.

미국쑥부쟁이 *Aster pilosus* 애스터 필로수스

국화과 Asteraceae 참취속 *Aster*

북아메리카 원산의 여러해살이풀로 번식력이 왕성하여 주변 길가, 하천가, 빈터 등에서 흔히 볼 수 있으며, 우리나라 전역에 퍼져 있다.

미국쑥부쟁이

미국쑥부쟁이 촬영 9월 22일

꽃은 8~10월 원줄기 끝과 가지 끝에 1개씩 달리며 중앙부의 통 모양 꽃은 황색 또는 자주색이고, 머리 모양 꽃 지름은 2.5cm가량이다. 뿌리줄기는 옆으로 길게 자라고, 줄기는 높이 120cm 정도로 자란다. 잎은 어긋나고, 줄기의 잎은 좁은 선형으로 끝이 뾰족하고 가장자리가 밋밋하다.

왕갯쑥부쟁이 | *Aster magnus* 애스터 마그누스

국화과 Asteraceae 참취속 *Aster*

원산지는 우리나라이며 바닷가 주변에 나는 여러해살이풀로 높이 30~60cm 정도로 자란다. 잎은 어긋
나며 두껍고 뿌리잎은 주걱 모양으로 가장자리에 약간의 털이 있고 줄기잎은 피침형으로 위쪽으로 갈
수록 차츰 작아진다.

왕갯쑥부쟁이 촬영 1월 27일 제주도

꽃은 자줏빛을 띤 파란색을 띠고 10월~12월에 피는데 한겨울에 볼 수도 한다. 혀 모양 꽃과 노란색의 통 모양 꽃으로 되어 있으며, 지름
5~7cm로 대체로 다른 쑥부쟁이 꽃보다 크다.

쑥부쟁이에 얽힌 전설

쑥부쟁이라는 이름에 얽힌 오래된 전설이 있다. 쑥부쟁이의 어원은 대장장이를 뜻하는 '불쟁이'이다. 어느 날 쑥부쟁이의 딸이 쑥을 캐러 나갔다가 사
냥꾼을 만나 사랑에 빠졌는데, 돌아온다는 말을 남기고 사라진 사냥꾼은 끝내 돌아오지 않았다. 쑥부쟁이 딸은 사냥꾼을 기다리다 죽었는데, 죽은
자리에서 피어난 예쁜 꽃을 쑥부쟁이라 이름 지었다는 슬픈 이야기가 전해 내려온다.

왕갯쑥부쟁이

왕갯쑥부쟁이 줄기는 붉은색을 띠며, 꽃이 아름답고 향기도 좋아 화단용으로 품종 개량이 많이 되었다고
한다.

●참취속(*Aster*)의 식물들의 우리나라 이름은 대체로 '–쑥부쟁이'라는 이름이 붙거나 참취, 개미취 등
 과 같이 '–취'로 불리고 있다.

섬쑥부쟁이 *Aster glehnii* 애스터 글레니

국화과 Asteraceae 참취속 *Aster*

산지에 나는 여러해살이풀로 부지깽이나물이라고도 한다. 경상북도, 울릉도 등에 나며, 일본에도 분포
한다.

섬쑥부쟁이 촬영 9월 16일

꽃은 8~9월에 피는데 원줄기 끝의 산방꽃차례에 달린다. 줄기는 위에서 가지가 갈라지고 잎은 타원형 또는 창을 거꾸로 세운 듯한 도피침형으로 잎자루가 짧고 끝이 뾰족하다. 잎 가장자리에는 불규칙한 톱니가 있다. 밑부분의 잎은 꽃이 필 때 스러지며 줄기잎은 마주난다.

가새쑥부쟁이 *Aster incisus* <small>애스터 인사이수스</small>

국화과 Asteraceae　참취속 *Aster*

우리나라 전역에 나며, 러시아 시베리아, 일본, 중국 등에 분포한다.

가새쑥부쟁이 촬영 10월 4일
꽃은 7~10월에 피는데, 산방상으로 달린 줄기 끝에서 지름 3~3.5cm의 머리 모양 꽃이 1개씩 달린다. 이 종은 쑥부쟁이에 비해 키가 크고 잎이 얇다.

가새쑥부쟁이 잎

줄기잎은 어긋나며, 넓은 피침형 또는 피침형, 길이 6~10cm, 폭 1~3cm이다. 잎끝은 뾰족하고 가장자리에 톱니가 있으며, 표면에 털이 거의 없다.

숙근아스타 *Aster amellus* 애스터 아멜루스

국화과 Asteraceae 참취속 *Aster*

아스타(Aster)라는 이름은 별 모양이라는 그리스어에서 유래되었다고 한다. 주로 관상용 화초로 재배한다.

숙근아스타 촬영 10월 1일

꽃가루 알레르기 영향 (Aster)

참취속(*Aster*) 식물은 대부분 충매화이고 개별적인 알레르기 검사를 많이 하지는 않지만, 관상용 화초로 재배하는 경우가 많고, 주변에서 흔히 볼 수 있는 꽃들로 국화과 식물에 꽃가루 알레르기가 있는 환자에서는 알레르기 증세를 유발하는 경우가 많은 것으로 알려져 있어 접촉을 피하는 것이 권고된다.

숙근아스타
꽃은 두상화이며 8~10월에 핀다. 꽃이 화려하고 아름다워 조경용으로 많이 사용하며, 꽃 색은 주로 보라색과 분홍색이다.

미역취 *Solidago virgaurea* subsp. *asiatica*

솔리다고 버거우리아

(영) goldenrod | 국화과 Asteraceae 미역취속 *Solidago*

전 세계적으로 미역취속(Solidago)에는 100여 종이 있는 것으로 알려져 있으며, 우리나라에는 미역취 (S. virgaurea subsp. asiatica), 양미역취(S. altissima), 울릉미역취(S. virgaurea subsp. gigantea), 미국미역취(S. serotina) 등이 있는 것으로 알려져 있다. 미역취는 우리나라 전역의 산과 들에서 흔히 볼 수 있는 여러해살이풀로 일본, 중국, 러시아 사할린 등지에도 분포한다.

미역취
줄기는 윗부분에서 가지가 갈라지며 잔털이 있고 높이 35~85cm로 자란다. 줄기잎은 어긋나며 길이 7~9cm, 폭 1~1.5cm 로서 잎자루에 날개가 있으며 위로 올라가면서 점차 작아져 긴 타원상 피침형으로 되고 잎자루가 없어진다.

미역취 촬영 10월 4일

꽃은 8~10월에 줄기 끝과 위쪽의 잎겨드랑이에 머리 모양 꽃이 달린다. 지름 5~10mm, 노란색이다.

꽃가루 알레르기 영향 (Goldenrod)

미역취 중에서 '*Solidago canadensis*'는 캐나다와 미국에서 흔한 종이며 미국에서는 늦여름에 미역취 꽃가루가 많이 비산하여 돼지풀 꽃가루 알레르기 환자의 30%가 미역취 꽃가루에 동시 반응을 보인다고 한다. 우리나라에서는 2010~2011년도 호흡기 알레르기 환자의 11%가 미역취(Goldenrod) 꽃가루 알레르기 피부반응검사에 양성반응을 보였다는 보고가 있다(홍천수: 한국의 꽃가루 알레르기 도감). 그러나 미역취 꽃가루에 대한 알레르기 검사는 주로 혈액을 채취하여 알레르기 검사를 하는 MAST(Multiple Allergen Simultaneous Test)로 하며 이에 대한 통계학적 결과는 좀 더 조사가 이루어져야 할 것으로 보인다.

지칭개 *Hemistepta lyrata* 헤미스텝타 라이라타

국화과Asteraceae 지칭개속*Hemisteptia*

고도가 낮은 산지의 풀밭, 길가, 공터, 밭두렁 등에서 흔하게 자라는 두해살이풀이다.
우리나라 전역에 나며 중국, 일본, 인도, 동남아시아, 오스트레일리아 등에 분포한다.

지칭개

꽃은 5~7월에 줄기나 가지 끝의 머리모양꽃차례로 피며, 붉은 보라색 또는 분홍색이다. 꽃차례는 지름 2~3cm이며, 관 모양 꽃만 있다. 열매는 수과이고, 7월에 익으며 우산털이 있다.

줄기는 곧추서며, 높이 60~90cm, 가지가 많이 갈라지고, 뿌리잎은 일찍 마르고 줄기잎은 어긋나며 깃꼴로 깊게 갈라진다.

엉겅퀴 *Cirsium japonicum* var. *maackii*
서시움 자포니쿰

국화과 Asteraceae 엉겅퀴속 *Cirsium*

햇빛이 잘 비치는 산지와 들녘의 길가, 공터에서 흔하게 자라는 여러해살이풀이며 뿌리는 약용한다. 엉 경퀴라는 이름의 유래는 엉겅퀴를 먹으면 피가 엉겨 출혈을 멈추게 하는 효능이 있다고 하여 지어진 이 름이라고 한다. 우리나라 전역에 나며 중국, 대만, 일본, 러시아 등에 분포한다.

엉겅퀴 꽃핀 모습
꽃은 6~8월에 줄기와 가지 끝에 피며. 붉은 보라색이고 머리 모양 꽃은 지름 2.5~3.5cm다. 꽃은 두상화로 모두 관 모양 꽃이며, 5갈래로 갈라진 꽃잎과 융합된 약(꽃가루주머니)이 있으며 그 사이로 암술이 길게 올라오는 모습을 보인다. 열매는 수과, 8월에 익는다.

곤드레나물은 고려엉겅퀴

고려엉겅퀴(*Cirsium setidens*)는 가시가 적고 잎이 연해서 어린잎을 곤드레나물이라 부르고 식용한다. 우리나라 전역에 분포하는 한국 고유 종이다.

꽃 핀 모습이 머리 모양을 이루어 두상화(頭狀花)라 한다.

엉겅퀴 촬영 5월 23일

줄기는 곧추서며, 높이 50~100cm다. 처음에 줄기 아래쪽에 털이 나지만 없어지고, 위쪽에 거미줄 같은 털이 난다. 줄기잎은 어긋나며, 긴 타원형, 깃꼴로 깊게 갈라진다. 열매는 수과, 8월에 익는다.

망초 *Conyza canadensis* 코니자 캐나덴시스

국화과Asteraceae 망초속*Conyza*

망초는 들판의 빈터, 황무지 및 경작지 주변에 크게 무리 지어 자라는 두해살이풀로 북아메리카 원산이
며 귀화식물이다. 생명력과 번식력이 뛰어나 황폐한 땅에서도 잘 자란다. 농지에서 자라는 망초는 성가
신 잡초가 농사를 망하게 한다는 뜻으로 '망초'라는 불명예스러운 이름을 얻었지만, 자연생태 측면에서
는 이렇게 생명력이 강한 잡초는 황폐한 땅에 생명체가 살 수 있게 하는 '황무지의 개척자'라 할 만하다.

망초 촬영 8월 24일

꽃은 7~9월에 피는데 머리모양꽃차례가 원추상으로 달리며, 지름은 약 5mm이다.
북아메리카 원산이며 우리나라 전역 및 아시아, 유럽 등에 귀화하여 분포하고 '지붕초'라고도 한다.

망초는 몸 전체에 털이 많다. 줄기는 곧추서고 높이 자라며, 세로로 여러 개의 줄이 있다. 줄기잎은 어긋나며, 선형이다.

귀화식물이란 뭘까요?

귀화식물이란 인간에 의해 원산지로부터 다른 지역으로 이동되어, 새로운 지역에서 자생하여 번식하고 있는 식물이다. 넓은 범위에 걸쳐 새로운 환경 변화에 적응하는 데 성공한 식물로 대부분 뛰어난 생식 능력을 지니고 있다. 주변에서 흔히 보는 귀화식물에는 서양민들레를 비롯하여 기생초, 큰금계국, 미국가막살이, 미국쑥부쟁이, 수크령, 개망초 등이다. 봄철부터 가을까지 들판에 피고 지는 식물 중에는 귀화식물이 많다.

큰금계국 *Coreopsis lanceolata* 코리압시스 랜시올라타

국화과 Asteraceae 기생초속 *Coreopsis*

북아메리카 원산의 귀화식물이며 관상용으로 심어 기르던 것이 야생화한 여러해살이풀이다. 도로 주변이나 들판, 풀밭에서 흔하게 자라며 높이는 30~100cm 정도이다.

큰금계국
꽃은 두상화로 설상화와 관상화 모두 노란색이며, 번식력이 강하여 도로가 빈터 등에서 흔히 보인다.

큰금계국 촬영 5월 21일

꽃은 5~8월에 피고 금색이다. 머리 모양 꽃은 지름 4~6cm이며 긴 꽃자루 끝에 1개씩
달린다. 혀 모양 꽃은 8개이며 끝이 깊은 톱니처럼 갈라진다. 관 모양의 꽃도 금색이다.
유사 종인 금계국은 키와 꽃이 큰금계국보다 작다.

기생초 *Coreopsis tinctoria* 코리압시스 틴토리아

국화과 Asteraceae 기생초속 *Coreopsis*

북아메리카 원산으로 처음에는 관상용으로 심어 기르던 것이 야생화하여 들판, 풀밭에서 흔하게 자란다. 꽃이 아름답고 흑자색 무늬가 각시 얼굴에 연지곤지 바른 모습을 연상시켜 기생초라 이름 지었다고 한다.

기생초
국화과의 한해살이풀 또는 두해살이풀로 높이는 30∼100cm이며 잎은 마주난다. 7∼10월에 가운데는 붉고 둘레는 갈색 무늬가 있는 노란 두상화가 핀다.

근접 촬영한 기생초의 암술과 수술

꽃은 6~10월에 줄기 끝에 머리모양꽃차례로 달리며, 지름 2~5cm이다. 혀 모양 꽃은 끝이 얕게 세 갈래로 갈라지며, 바깥 부분은 노란색이며, 안쪽 부분은 흑자색이다. 관 모양 꽃은 갈색이다.

쑥갓속 *Chrysanthemum*
크리쌘서멈

국화과 Asteraceae 쑥갓속 *Chrysanthemum*

쑥갓속에는 우리나라에 산국(C. boreale), 감국
(C. indicum), 쑥갓(C. coronarium), 불란서국화(C.
leucanthemum), 구절초(C. zawadskii var. latilobum),
산구절초(C. zawadskii), 국화(C. morifolium)등 10여
종이 있으며 그중에서 산국, 감국, 구절초는 9~11월에
우리나라 산과 들에 무수히 많은 꽃을 피우고, 불란서국
화는 관상용으로 화단에 심는 경우가 많다.

국화 *Chrysanthemum morifolium*
크리쌘서멈 모리폴륨

(영) **chrysanthemum** | 국화과 Asteraceae 쑥갓속 *chrysanthemum*

국화는 수많은 품종이 개량화된 하이브리드(hybrid) 화
초로 꽃병에 꽂는 절화(cut flower)용 화초나 화환용 장
식 화초로 사용되는 경우가 많아 국화를 직업적으로 다
루는 사람들이 접촉성 피부염이나 호흡기 알레르기 증
세를 많이 겪는 것으로 알려져 있다.

국화

국화는 감국과 구절초의 교배를 통해 개량화되었으며, 꽃의 모양과 크기에 따라 다양한 품종이 있다. 우리나라 각지에서 널리 재배하며, 대만, 일본, 중국 등에 분포한다.

산국 *Chrysanthemum boreale* 크리쌘서멈 보리얼

국화과 Asteraceae 쑥갓속 *Chrysanthemum*

산지의 숲 가장자리에 흔하게 자라는 여러해살이풀로 우리나라 전역에 나며 중국, 일본 등에 분포한다.

산국

산국, 감국은 늦가을에 꽃이 핀다

산국은 다른 들국화들보다 비교적 늦은 가을 10월 말~12월경에 꽃이 핀다. 필자가 사는 동네공원에 한여름부터 쑥들 사이에 산국이 무성하게 자라고 있었는데, 그걸 보고 올해는 멀리 가지 않아도 가을에 산국을 맘껏 보겠다는 기대감에 부푼 적이 있었다. 그런데 9월 어느 날 지나면서 보니 모두 깎여나가 산국 꽃 핀 걸 하나도 보지 못하였다. 대부분 추석 무렵에 벌초를 하는데 공원도 그 시기에 잡초들을 정리하다 보니 늦가을에 피는 산국은 꽃도 피지 못하고 잘려나간 것이었다.

산국 촬영 11월 3일 충남 공주 공산성

꽃은 9~11월에 피는데 줄기와 가지 끝에서 머리 모양 꽃이 모여서 산형꽃차례처럼 달리며, 노란색으로 향기가 좋다. 머리 모양 꽃은 지름 1.5cm 정도로 작다. 줄기는 곧추서며, 위쪽에서 가지가 갈라지고, 잎은 어긋나며, 잎자루가 짧다. 줄기 아래쪽 잎은 넓은 난형이며 깊게 갈라진다. 가장자리에 톱니가 있다.

감국 *Chrysanthemum indicum* 크리쌘서멈 인디쿰

국화과 Asteraceae 쑥갓속 *Chrysanthemum*

감국

꽃은 10~12월에 줄기와 가지 끝에서 머리 모양 꽃이 모여서 느슨한 산방꽃차례처럼 달리며, 노란색으로 향기가 좋다. 머리 모양 꽃은 산국에 비해 두상꽃차례의 지름이 약 2배 가까이 큰 지름 2.0~2.5cm로 서로 구분된다.

산국과 감국의 구별

산국은 꽃의 크기가 1.5cm 안팎, 감국은 2cm 이상이다.

잎에서 느끼는 맛이 감국은 단맛이 나고, 산국은 쓴맛이 난다.

감국은 잎자루에 날개가 있다. 산국은 잎자루에 날개가 없다.

산구절초 *Chrysanthemum zawadskii* 크리쌘서멈 자와스키

국화과 Asteraceae 쑥갓속 *Chrysanthemum*

산구절초
높은 산 중턱 이상에서 자라는 여러해살이풀이다. 줄기는 곧추서며, 높이는 10～60cm이다. 잎은 어긋나며, 깃꼴로 갈라진다. 꽃은 7～10월에 줄기와 가지 끝에서 머리 모양 꽃이 1개씩 달리며, 흰색 또는 연한 보라색이다. 우리나라 전역에 나며 러시아, 몽골, 일본, 중국 등에 분포한다.

구절초 *Chrysanthemum zawadskii* var. *latilobum*

크리쌘서멈 자와스키

국화과 Asteraceae 쑥갓속 *Chrysanthemum*

구절초 촬영 10월 1일

꽃은 7∼11월에 머리모양꽃차례에 핀다. 혀 모양 꽃은 흰색 또는 분홍빛이 도는 흰색이다.

형태적 특성

키는 50∼100cm 정도이고, 뿌리줄기가 옆으로 길게 뻗으며 번식한다. 줄기에 달리는 잎은 매우 작고, 약간 깊게 갈라진다. 꽃은 7∼11월에 머리
모양꽃차례에 핀다. 머리 모양 꽃은 지름 6∼8cm이며, 혀 모양 꽃은 흰색 또는 분홍빛이 도는 흰색이다. 산구절초보다 꽃이 크다.

분홍구절초 촬영 10월 4일
정원이나 화단에서 재배하는 구절초는 들에 피는 야생 구절초보다 영양 상태가 좋아 크게 성장하고 화려하게 보인다.

불란서국화 *Chrysanthemum leucanthemum*
크리쌘서멈 루캔서멈

(영) oxeye daisy | 국화과 Asteraceae 쑥갓속 *Chrysanthemum*

유럽 원산이며 정원, 화단 등에 관상용으로 재배하는 여러해살이풀이다. 모양이 우리나라에 자생하는 구절초와 비슷하나 꽃이 피는 시기가 불란서국화는 여름철(5~8월)이고, 구절초는 대체로 가을철(9~11월)로 서로 다르다.

불란서국화 촬영 6월 22일
줄기는 곧게 자라며 높이 30~50cm, 잎몸은 도란형이며 가장자리는 얕게 갈라지거나 불규칙한 톱니 모양이다. 줄기잎은 선형 또는 주걱형이며, 길이 2.5~7.0cm다.

꽃가루 알레르기 영향 (Oxeye daisy)

국내에 보고된 자료에 의하면 쑥갓속(chrys-anthemum)인 불란서국화에 대하여 호흡기 알레르기 환자에서 피부반응 양성률이 6.8~13.9%까지 보고되어 앞으로도 지속적인 조사가 필요할 것으로 보인다.

불란서국화

꽃은 5~8월에 피는데 줄기 끝에서 지름 5cm 정도인 머리 모양 꽃이 1개씩 달린다. 혀 모양의 꽃은 20~30개로 흰색이고 끝은 2~3개로 얕게 갈라진다. 관 모양 꽃은 노란색이다. 우리나라 각지에 심어 기른다.

개망초 *Erigeron annuus* 에리져온 아뉴어스

국화과 Asteraceae 개망초속 *Erigeron*

북아메리카 원산으로 우리나라 전역에 분포하는 국화과의 두해살이풀이다.
목초지, 버려진 들판, 길가, 철도 및 폐기물 지역과 같은 황량한 지역에서 잘 생존하는데, 이러한 식물들은 황폐화된 땅을 생명체가 살 수 있는 곳으로 바꾸는 역할도 한다.

개망초 꽃 촬영 6월 11일
꽃모양이 계란프라이 같다 하여 계란꽃이라고도 부른다.

디지털로 색감이 변화한 개망초 꽃.

망초꽃과 개망초꽃은 많이 다르다

망초꽃은 쑥꽃처럼 눈으로 식별하기 힘들 정도로 작으나 개망초꽃은 작은 동전 같은 크기에 계란프라이처럼 예쁘다. 서로 완전하게 다른 식물이지만 아마도 농지에서 농사짓는 데 성가시게 하는 면에서는 둘 다 번식력이 뛰어나고 제거하기 힘들므로 '농사를 망하게 한다는 뜻'으로 '망초', '개망초'라 이름 지은 것으로 보인다.

개망초 꽃핀 모습과 외형

꽃은 6~7월에 피는데 주로 흰색이고, 전체에 굵은 털이 있으며 줄기는 높이 30~100cm 이다. 잎자루는 길며 줄기에 달린 잎은 어긋난다. 잎 가장자리에 톱니가 드문드문 있으며 잎자루에 날개가 있다. 윗부분의 잎은 좁은 달걀 모양이며, 피침형으로 털이 있다.

유채 *Brassica napus* 브라시카 나프스

(영) rape | 십자화과 Brassicaceae 배추속 *Brassica*

유럽 지중해 원산으로 관상용으로 심으며 두해살이풀이다. 잎과 줄기를 식용하고, 종자는 기름을 짠다. 우리나라 남부지방에서는 가을에 씨앗을 뿌리는 가을유채를 심고, 서울 등지에서는 봄에 유채를 심는다. 유럽을 비롯한 전 세계에서 재배한다.

유채 기름은 카놀라유(canola)라 하여 식용하는데, 바이오디젤 원료로서 수요가 늘고 있어 중국, 캐나다, 인도 등지에서 대량으로 재배한다고 한다.

유채 꽃 촬영 1월 28일 제주도

유채

줄기는 높이 50∼150cm이다. 잎자루는 위로 갈수록 짧아진다. 줄기잎은 깃꼴로 갈라지고, 가장자리에 톱니가 있다. 줄기 위쪽의 잎은 밑이 귓불 모양으로 되어 줄기를 감싼다. 꽃은 3∼5월에 줄기와 가지 끝의 총상꽃차례에 피며 지름 1.0∼1.5cm이다.

꽃가루 알레르기 영향 (Rape)

유채 꽃가루 알레르기 피부반응검사는 하지 않는 경우가 많으나, 전국적으로 점점 유채 재배 면적이 늘어나고 있으며, 검사항원도 상품화되어 있어 앞으로 이에 대하여 조사가 더 진행되어야 할 것으로 보인다.

해바라기 *Helianthus annuus* 힐리앤수스 애뉴어스

(영) sunflower | 국화과 Asteraceae 해바라기속 *Helianthus*

해바라기는 북아메리카 원산의 귀화식물이다. 해바라기속(*Helianthus*)에는 70여 종이 있으며 관상용 및 식용으로 밭이나 화단 등에 심어 기르는 한해살이 식물로 우리나라 전국에서 심어 기른다. 황금빛 해바라기꽃은 꽃이 지닌 상징성으로 인해 동서양을 막론하고, 고대로부터 지금까지 많은 사람의 사랑을 받고 있다.

해바라기
줄기는 곧추서고 높이 100~300cm, 가지가 거의 갈라지지 않는다. 잎은 어긋나며, 난형 또는 원형이며 잎자루는 길이 10~30cm이다. 열매는 수과, 길이 1.0~1.5cm이며, 1개의 두상화에 열매가 1000여 개나 된다. 10월에 익는다.

해바라기 촬영 9월 16일

꽃은 8~9월에 피는데 줄기 끝에 머리모양꽃차례로 달리고 지름 20~30cm이며, 노란색이다. 머리모양꽃차례 가장자리에는 혀 모양 꽃이, 안쪽에는 관 모양 꽃이 배열한다.

알레르기 비염 환자의 피부단자검사에서 통계학적 분석을 통한 교차반응에 대한 연구

대전 정이비인후과 / 서정혁

An investigation of the cross-reactivity of skin prick test in patients with allergic rhinitis using a Statistical Analysis

Jung-Hyuck Suh, MD

Jung's ENT Allergic Clinic, Daejeon City, South Korea

Background and Objectives: The results of skin prick tests used in the diagnosis of allergic rhinitis and other allergic diseases have often showed multiple positive responses between pollens, fungi, and other allergens, simultaneously. This has raised curiosity about the cross-reactivity between various allergens. Previous cross-reactivity studies were conducted mainly through experiments using antigen-antibody reactions such as enzyme-linked immunosorbent assay (ELISA) or immunoblotting. However, this study intended to investigate the cross-reactivity between multiple allergens using a statistical analysis.

Subjects and Methods: A total number of 3,423 patients with allergic rhinitis who visited a single ear-nose-throat (ENT) allergic clinic in Daejeon City, South Korea, between 2008 and 2015 were retrospectively investigated. They underwent skin prick testing with allergens from 51 species, and 2,233 patients were found to be positive for one or more allergens.

The allergens were from 51 species consisting of 28 species of pollen, 13 species of fungus, 6 species of animal dander, 2 species of house dust mite (*Dermatophagoides farinae* and *D. pteronyssinus*), cockroaches, and sheep wool.

The statistical analysis in this study was performed using positive rate, joint probability, conditional probability, and correlation coefficient.

Results: The results of the statistical analysis of the skin prick test data from allergens composed of 51 species showed that pollen allergens had higher correlations with each other in terms of joint probability, conditional probability, and correlation coefficient, as compared with other animal and fungal allergens.

A high correlation was observed among the phylogenetically closely related botanical pollen allergens as follows: among the pollen allergens of birch, alder, and hazel in the Betulaceae family, and among the pollen allergens of oak and beech in the Fagaceae family, and between the two house dust mite species.

Key words: cross reactivity; statistical analysis; multiple pollens

서론

그동안 알레르기 비염의 진단적 목적으로 시행하는 피부반응검사에서 종종 여러 종류의 항원이 동시에 양성반응이 나타났고, 주변에 분포하지 않는 꽃가루에도 높은 양성반응이 나타나서,[1]-[4] 알레르겐 상호 간의 연관성에 관하여 궁금증을 일으켜왔다.

이러한 알레르겐 상호 간의 연관성과 교차반응에 대해, 특히 꽃가루 알레르기 환자에서 과일, 채소, 견과류 등을 날것으로 먹었을 때 입술, 구강, 인두 부위에 얼얼함, 가려움증, 두드러기, 부종 등이 나타나는 구강 알레르기 증후군(oral allergy syndrome, OAS)에서의 교차반응에 관한 연구는 오래전부터 있어왔다.[5][6][8]

연구보고에 의하면 자작나무 화분의 주 항원으로 작용하는 Bet v1(17kDa)[7][8][10]은 다른 꽃가루뿐만 아니라 구강 알레르기 증후군을 일으키는 교차반응의 중요 항원으로 알려져 있으며, 돼지풀 화분증 환자는 멜론과 바나나 등에 구강 알레르기 증후군의 교차반응을 일으키는 것으로 알려져 있다.[5][7]

이러한 교차반응에 대한 연구는 주로 enzyme-linked immunosorbent assay (ELISA) 혹은 immunoblotting 같은 항원-항체결합 반응을 이용한 방법으로 진행되어왔다.[5-8]

이번 연구는 이러한 연관성과 교차반응에 대하여 항원-항체 결합반응이 아닌 피부단자검사(skin prick test SPT) 결과를 후향적으로 통계분석하여 양성률(Positive rate)과 동시확률(Joint Probability), 조건부 확률(Conditional Probability) 및 상관계수(Correlation Coefficient)를 분석하고 각각의 알레르겐 상호 간의 교차반응에 관한 상관관계를 연구하였다.

대상 및 방법

통계분석 대상은 대전의 개인 이비인후과의원에서 2008년부터 2015년까지 8년간 비염으로 치료받은 대전지역 환자 중 알레르기 비염이 의심되어 피부단자검사(skin prick test SPT)를 시행한 총 3,423명의 환자를 후향적으로 분석하였다. 분석구간은 매년 1월1일부터 12월 31일까지 1년 단위로 구분하여 통계를 내었으며, 통계분석에는 엑셀 프로그램(Excel

Program)을 프로그램화(programing)하여 A라는 특정 항원과 다른 항원들이 동시에 양성 반응을 보인 동시확률과, A라는 특정 항원이 양성반응이 나타났을 경우 다른 B항원이 양성 반응을 보인 조건부 확률을 산출하여 보았다.

상관관계는 Pearson correlation coefficient(IBM SPSS Statistics ver. 24.0)를 이용하여 통계분석하였으며, 동시확률과 조건부확률에서는 확률변수로 피부반응검사 결과를 음성 (−)과 양성(+)의 결과만을 확인한 것에 비하여, Pearson correlation coefficient 상관관계 분석에서는 피부반응 판독 결과 나온 반응 강도를 0, +2, +3, +4 로 판독한 결과가 사용되 었으며 +1은 별도로 판독하지 않아 0의 수치로 입력되었다.
피부단자검사 항원으로는 상품화된 allergen pannel (Allergopharma, Germany) 51종을 8 년간 동일한 항원으로 사용하였으며 51종 항원에는 꽃가루항원이 28종이었으며 고양이, 강 아지 등 동물이 6종, 곰팡이류 13종, 바퀴벌레1종, 양모(Sheep's wool) 1종, 집먼지진드기 2종(*Dermatophagoides farinae and D. pteronyssinus*) 으로 구성되었다.

꽃가루항원 28종의 구성은 수목화분이 13종으로 오리나무, 개암나무, 포플러, 느릅나무, 버 드나무, 자작나무, 너도밤나무, 참나무, 플라타너스, 아까시나무, 물푸레나무, 딱총나무, 참 피나무 등이었으며 잡초화분으로는 돼지풀, 쑥, 쐐기풀, 민들레, (창)질경이, 소리쟁이 등 6 종이었고, 4종류는 보리, 귀리, 호밀, 밀 등 곡류였으며, 나머지 5종류는 혼합항원이었다.
피부단자검사 방법으로는 음성대조로 0.9% 생리식염수를 양성대조로 히스타민을 사용하 으며, 환자의 등에 단자시험 후 판독은 15분에 알레르겐/히스타민 팽진비(A/H ratio)를 비 교하여 비율이 1이상 2미만일 때 +3, 2이상일 때 +4, 0.5이상 1미만일 때 +2로 판독하였 으며, +3이상을 양성으로 판독하였다.

결과

피부단자검사 결과를 1년 단위로 분리하여 개별항원에 대한 감작율의 변화를 확인한 후, 모든 검사자료를 통합하여 각각의 항원에 대한 8년간의 전체적인 감작율을 구하였다.(Table 1) 그 결과 꽃가루항원에서는 혼합항원을 제외한 개별 항원의 평균 감작률은 약 8.7%였으며, 감작률이 10% 이상인 꽃가루항원으로는 수목화분에서는 오리나무(10.5%), 개암나무(10.7%), 자작나무(11.8%), 너도밤나무(15.1%), 참나무(15.3%) 등이었고 잡초화분으로는 돼지풀(10.8%)과 쑥(14.5%)이 높은 감작률을 보였다. 곡식류에서는 밀(12.1%)이 다른 곡류에 비하여 높게 나타났고 목초혼합물은 7.8%의 감작률을 보였다. 애완동물로는 강아지(10.9%), 고양이(13.3%)로 고양이에 대한 감작률이 좀 더 높았으며, 바퀴벌레는 12.4%의 감작률을 보였다.

곰팡이류 항원에 대한 감작률은 꽃가루항원에 비교하여 전체적으로 낮게 나타났으나 주요 호흡기 알레르기를 일으키는 것으로 알려진 Cladosporium(6.7%), Alternaria(5.4%), Aspergillus(3.3%)는 상대적으로 높게 나타났다.

집먼지진드기에 대한 양성반응은 *Dermatophagoides farinae*(49.2%), *D. pteronyssinus*(48.3%)로 다른 항원들에 비하여 매우 높은 감작률을 보였다. 혼합항원 5종(잡초류, 곡류, 목초류, 수목화분 2종)의 감작률은 개별 항원 검사를 하지 않은 목초류를 제외하고 전체적으로 각각의 항원에 비하여 약간 높거나 주요 항원의 감작률에 비등한 반응을 보였다. 혼합항원 중 곰팡이류 2종의 감작률은 개별 항원 각각의 감작률보다 비교적 높은 감작률을 보였다.

각각의 피부단자검사 양성률(positive rate)은 Table 1과 같다.

Table 1. Positive Rate(PR) of skin prick test(SPT), across the years 2008-2015

Allergens	PR	Allergens	PR
1. Grasses/Cereals(목초류/곡류 혼합)*	10.6%	11. Wheat(밀)	12.1%
2. Weed mix(잡초혼합)*	13.2%	12. Mugwort(쑥)	14.5%
3. Tree mix 1(나무혼합1)*	14.0%	13. Nettle(쐐기풀)	7.6%
4. Tree mix 2(나무혼합2)*	15.4%	14. Dandelion(민들레)	6.4%
5. Ragweed(돼지풀)	10.8%	15. English. plantain(창질경이)	9.8%
6. Mould mix 2(곰팡이혼합2)*	10.4%	16. Alder(오리나무)	10.5%
7. Grasses(목초류혼합)*	7.8%	17. Hazel(개암나무)	10.7%
8. Barley(보리)	7.3%	18. Poplar(포플러)	7.8%
9. Oats(귀리)	6.4%	19. Elm(느릅나무)	6.0%
10. Rye(호밀)	5.6%	20. Willow Tree(버드나무)	5.9%

Allergens	PR	Allergens	PR
21. Birch(자작나무)	11.8%	37. Sheep's Wool(양모)	4.3%
22. Beech(너도밤나무)	15.1%	38. *Alternaria*	5.4%
23. Oak(참나무)	15.3%	39. *Botrytis*	3.6%
24. Plane Tree(플라타너스)	7.7%	40. *Cladosporium*	6.7%
25. Black locust(아까시나무)	6.2%	41. *Curvularia*	8.7%
26. Ash(물푸레나무)	4.9%	42. *Fusarium*	1.8%
27. Elder(딱총나무)	7.4%	43. *Helminthosporium*	3.3%
28. Linden(참피나무)	5.7%	44. *Aspergillus*	3.3%
29. Sorrel(수영)	4.5%	45. *Mucor*	2.7%
30. Golden Hamster(햄스터)	3.1%	46. *Penicillium*	2.7%
31. Dog(개)	10.9%	47. *Pullularia*	2.8%
32. Rabbit(토끼)	4.1%	48. *Rhizopus*	3.0%
33. Cat(고양이)	13.3%	49. Mould mix 1(곰팡이혼합1)*	11.5%
34. Guinea Pig(기니피그)	8.6%	50. *D. farinae* (미국진드기)	49.2%
35. Horse(말)	3.7%	51. *D. pteronyssinus* (유럽진드기)	48.3%
36. Cockroach(바퀴벌레)	12.4%		

1. Grasses/Cereals (grasses, barley, oat, rey, wheat),

2. Weed mix (mugwort, nettle, dandelion, English plantain)

3. Tree mix 1 (alder, hazel, willow tree, elm, poplar)

4. Tree mix 2 (birch, beech, oak, plane trees)

6. Moulds mix 2 (Aspergillus, Mucor, Penicillium, Pullularia, Rhizopus)

7. Grasses (velvet G., orchard G., rye G., timothy G., kentucky blue G., meadow fescue)

49. Moulds mix 1 (Alternaria, Curvularia, Botrytis, Cladosporium, Helminthosporium)

전체적으로 피부반응검사를 받은 환자 3,423명 중 1종 이상의 항원에서 양성반응을 보인 환자는 2,233명으로 65.2%였으며, 양성반응 환자의 평균 연령은 29.4세(SD:±15.2)였고, 남자가 1326명(59.4%), 여자가 907명(40.6%)이었다.(Table 2)

또한 51종 항원에 대하여 1종 이상 양성반응을 보인 전체적인 감작률은 매년 불규칙하게 변동하였다.(Table 3)

Table 2. Age distribution of subjects with one or more positive rate of skin prick test(SPT)

Age (Year)	number	비율(%)
Under 10	150	6.7%
10 ~ 19	547	24.5%
20 ~ 29	526	23.6%
30 ~ 39	393	17.6%
40 ~ 49	317	14.2%
50 ~ 59	243	10.9%
60 ~ 69	54	2.4%
70 ~	3	0.1%
Total number	2,233	

*Mean age/SD: 29.4 ± 15.2

Table 3. One or more positive rates of skin prick test(SPT), across the years 2008-2015

Year	nS	nPS	PR
2008	573	296	51.7%
2009	498	285	57.2%
2010	529	375	70.9%
2011	475	353	74.3%
2012	409	275	67.2%
2013	404	273	67.6%
2014	268	199	74.3%
2015	267	177	66.3%
Total number	3,423	2,233	65.2%

*nS: number of subjects, nPS: number of positive subjects

본원 알레르기 피부반응검사에서 감작률이 10%를 넘는 11종의 항원(Ragweed, Mugwort, Alder, Birch, Beech, Oak, Cat, Dog, Cockroach, *D. farinae, D. pteronyssinus*)에 대한 감작률 변화를 조사하였는데, 환자 선별에 따른 변수를 최소화하기 위하여 1종 이상의 항원에 양성반응을 보인 환자를 대상으로 하였다.

11종 항원에 대한 2008년부터 2015년까지 연도별 감작률 변화는 각각의 항원에 따라 다양하게 나타났으며 특정 항원에 있어서 지속적인 증가나 지속적인 감소의 경향은 보이지 않았다. (Fig.1-2)

8년간의 감작률을 비교한 결과 대전지역에서는 돼지풀 화분보다는 쑥 화분에 대한 감작률이 높았으며, 참나무과의 참나무, 너도밤나무의 감작률이 자작나무과의 자작나무, 오리나무보다 약간 높게 나타났다.

애완동물에서는 고양이가 강아지보다 알레르기 감작률이 약간 높았으나 강아지 항원에 대한 감작률은 2년에 걸쳐서 알 수 없는 원인으로 평균에서 심하게 낮게 나와 단순 비교하기는 힘들어 보였다. 집먼지진드기에 대한 감작률은 다른 항원들과 비교하여 매우 높게 나타났다.

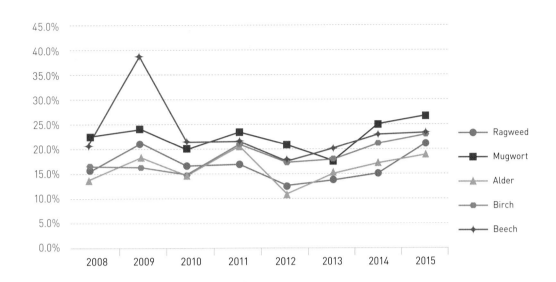

Fig. 1. Changes in positive rate of skin prick test (with one or more positive rates) between 2008-2015 for ragweed, mugwort, alder, birch and beech

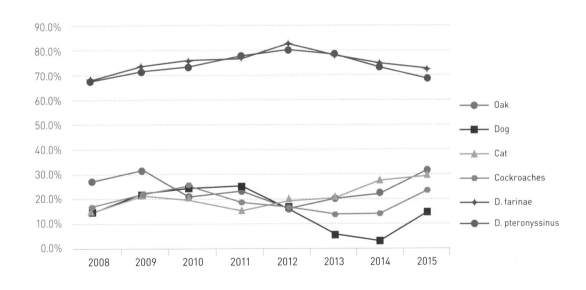

Fig. 2. Changes in positive rate of skin prick test (with one or more positive rates) between 2008-2015 for oak, cats, dogs, cockroaches, *Dermatophagoides farinae*, and *D. pteronyssinus*

1. 동시확률(joint probability JP)과 조건부 확률(conditional probability CP) 통계분석 결과

교차반응에 대한 상관관계를 확인하기 위하여 검사 항원 51종 모두에 대하여 동시확률과 조건부확률을 통계분석하였는데 여기에는 대표적으로 자작나무, 참나무, 돼지풀, 쑥, 4종류와 집먼지진드기(*D. farinae*)에 대하여 분석 결과를 기록하였다.

먼저 돼지풀은 우리나라에서 8월 중순부터 11월까지 꽃가루를 많이 날리는 잡초로 조사되었는데[9] 같은 국화과인 쑥을 포함한 잡초류나 목초류 화분보다 자작나무, 참나무 등 수목화분에 동시확률(>10%)과 조건부확률(>60%)이 더 높게 나타났다.[Fig. 3] 또한 쑥 화분은 다른 꽃가루항원과 동시확률 10% 이하, 조건부확률은 50% 이하의 낮은 수준을 보였다.[Fig. 4] 봄철(3월~5월) 꽃가루 알레르기의 대표적인 수목화분으로 자작나무는 오리나무, 개암나무, 참나무, 너도밤나무에서 동시확률(>10%)과 조건부확률(>70%)이 매우 높게 나타났으며, 잡초류 중에서는 돼지풀에 높게(62%) 나타났다.[Fig. 5] 참나무는 너도밤나무와 가장 높게 조건부확률(73.9%), 동시확률(>10%)이 나타났으며 자작나무, 개암나무, 오리나무, 돼지풀도 다른 화분들보다 높게 나타났다.[Fig. 6]

D. farinae 와 *D. pteronyssinus* 의 동시확률, 조건부확률은 둘 다 매우 높은 일치율을 보였으나 고양이, 개, 바퀴벌레와의 동시확률, 조건부확률은 그리 높지 않게 나타났다.[Fig. 7]

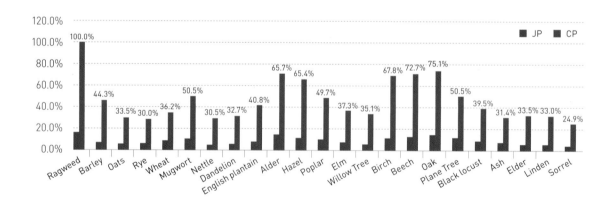

Fig. 3. Joint and conditional probability (JP and CP, respectively) of ragweed with other pollen
 - CP values of ragweed with beech and oak were over 70% and were 67.8%, 65.7%, and 65.4% with birch, alder, and hazel respectively.
 - JP values of beech, oak, birch, alder, and hazel were relatively high and over 10%.

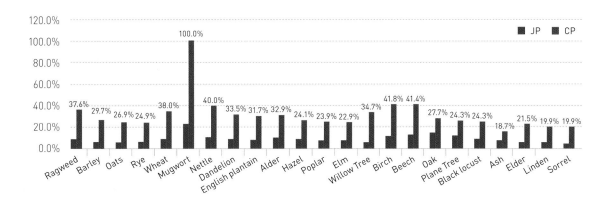

Fig. 4. Joint and conditional probability (JP and CP, respectively) of mugwort with other pollen
- CP values of mugwort with other pollen were under 50% and JP values were below 10%.

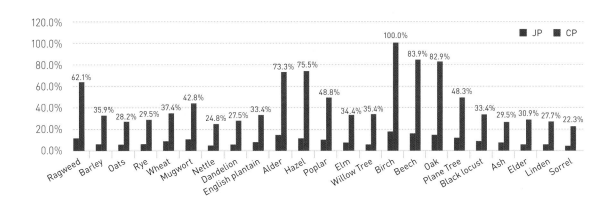

Fig. 5. Joint and conditional probability (JP and CP, respectively) of birch with other pollen
- CP values of birch were relatively high and were over 80% with beech and oak, were 73.3%, 75.5%, and 62.1% with alder, hazel, and ragweed, respectively and JP values were over 10%.

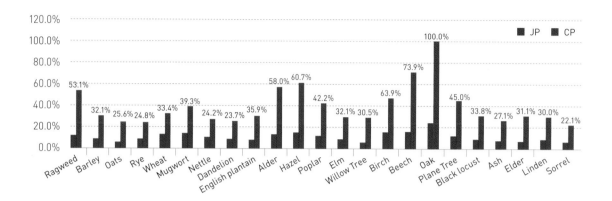

Fig. 6. Joint and conditional probability (JP and CP, respectively) of oak with other pollen
- CP values of oak with beech(73.9%), birch(63.9%), hazel(60.7%), alder(58.0%),
ragweed(53.1%) were relatively high, and JP values were over 10%.

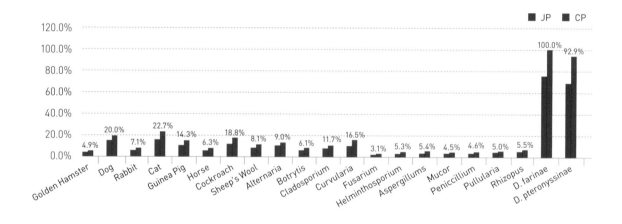

Fig. 7. Joint and conditional probability (JP and CP, respectively) of *Dermatophagoides farinae*
with *D. pteronyssinus* and other allergens
- CP value of *D. farinae* with *D. pteronyssinus* was 92.9%; the other pollen was
under 30%; and with cats, dogs, and cockroaches was 22.7%, 20.0%, and 18.8%,
respectively.
- JP value of *D. farinae* with *D. pteronyssinus* was 70.1%, and that with cats, dogs,
cockroaches was over 10%.

2. 상관관계(Pearson correlation coefficient) 분석 결과

상관관계 분석은 모든 피부반응검사 항원에 대하여 시행하였으나 그중 대표적으로 돼지풀, 쑥, 자작나무, 참나무, 고양이, 바퀴벌레, Cladosporium, 집먼지진드기(*D. farinae*)에 대한 각각의 상관관계는 유의수준 (p⟨0.01)에서 아래와 같다. ^(Fig.8-9)

1) 돼지풀과 다른 항원들과의 상관관계는 오리나무, 개암나무, 포플러, 자작나무, 너도밤나무, 참나무, 플라타너스, 아까시나무 등 수목화분에 대하여 상관계수 값이 0.7 이상으로 나타나, 강한 양적인(+) 상관관계를 보였으며 쑥과는 상관계수 값이 0.5 로 보통의 상관관계를 보였다.

2) 쑥은 쐐기풀과 민들레와는 상관계수 값이 0.6 이상으로 상대적으로 높은 양적인(+) 상관관계를 보였으나 돼지풀과 다른 수목화분에 대하여는 보통의 상관관계를 보였다.

3) 자작나무는 오리나무, 개암나무, 너도밤나무, 참나무와는 상관계수 값이 0.8 이상으로 나타나 매우 강한 양적인(+) 상관관계를 보였으며 돼지풀, 포플러, 플라타너스 등 다른 수목화분들과도 0.7 이상으로 높은 상관관계를 보였다.

4) 참나무는 개암나무, 자작나무와는 상관계수 값이 0.8 이상으로 나타나 매우 강한 양적인(+) 상관관계를 보였으며, 돼지풀, 오리나무, 포플러와도 0.7 이상으로 높은 상관관계를 나타냈다.

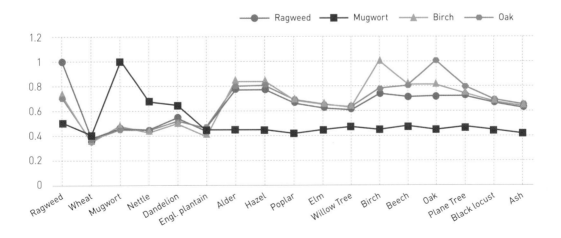

Fig. 8. Correlation coefficient(CC) of ragweed, mugwort, birch and oak with other pollen (p<0.01)
- CC of ragweed with barley. alder, hazel, poplar, birch, beech, oak, plane tree, and locust black was over 0.7

- CC of mugwort with nettle and dandelion was o.68 and 0.64, respectively, and that with other pollen was lower than 0.50
- CC of birch with alder. hazel, poplar. beech, oak, and plane tree was over 0.8, and was 0.76 with ragweed
- CC of oak with hazel, birch, and beech was over 0.8, and was over 0.7 with ragweed, alder, and poplar

5) 애완동물 중 고양이는 전체적으로 다른 항원들과 상관계수가 0.4 이하로 약하게 나타났으나, 강아지와는 +0.5 로 보통의 양적인(+) 상관관계를 보였으며, 집먼지진드기와는 상관관계가 약하게(0.2) 나타났다.

6) 바퀴벌레는 다른 항원들과의 상관계수가 전체적으로 0.3 이하로 낮은 상관관계가 나타났으며, 집먼지진드기와는 상관관계가 거의 없었다.

7) Alternaria는 다른 항원들과 상관계수가 전체적으로 0.4 이하로 약하게 나타났으나 같은 곰팡이류인 Botrytis와는 0.5로 보통의 양적인(+) 상관관계를 보였다.

8) Cladosporium는 다른 곰팡이류와의 상관관계가 상대적으로 높게 나타나 Botrytis, Curvularia, Helminthosporium에 0.5 이상, 다른 곰팡이류에도 0.4 정도의 보통의 상관관계를 보였다.

9) 미국 집먼지진드기(*D. farinae*)는 유럽 집먼지진드기(*D. pteronyssinus*) 와 상관계수 0.88로 매우 강한 상관관계가 나타났으며, 다른 항원들과는 전체적으로 상관계수가 0.3 이하의 낮은 상관관계를 보였다.

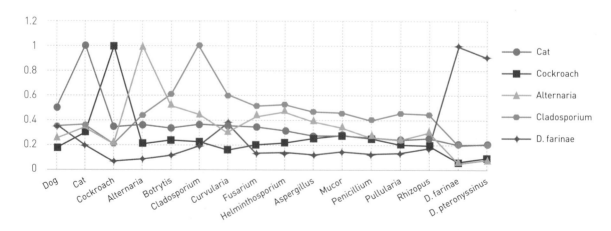

Fig. 9. Correlation coefficient(CC) of Cat, Cockroach, Alternaria, Cladosporium and *Dermatophagoides farinae* with other allergens (p< 0.01)

- CC of cats with other allergens was below 0.4, except for that with dogs(0.50)
- CC of Cockroaches with other allergens was below 0.4
- CC of Alternaria with the other allergens was under 0.5, except for that with Botrytis(0.53)
- CC of Cladosporium was 0.61, 0.59, and 0.50 with Botrytis, Curvularia, and Helminthosporium, respectively, and below 0.5 with the other allergens
- CC of *D. farinae* with *D. pteronyssinus* (0.88) was very strong; however, it was below 0.3 with other pollen, except with Curvularia (0.34) and dogs (0.33)

고찰

그동안 알레르기 피부반응검사에서 교차반응을 의심할 수 있는 구체적인 반응들은 종종 있어왔다. 특히 너도밤나무(Beech)는 우리나라에서 주로 울릉도 섬에서만 자생하는 식물로 알려져 있는데[4][11], 울릉도와 400km 이상 멀리 떨어진 대전지역에서도 너도밤나무에 대한 피부반응 감작률은 매년 참나무에 버금가는 높은 반응을 보여왔다.

또한 자작나무과에 속하는 오리나무, 자작나무, 개암나무 등도 매년 서로 비슷한 알레르기 감작률을 보이면서 변동하였으며 특히 남한지역에 드물게 분포하는[12] 자작나무도 매년 높은 양성반응을 보였다. 그리하여 이러한 검사 결과들은 알레르겐 상호 간의 교차반응과 연관되는 것으로 추측되었다.[12][15][20]

교차반응에 대한 연구는 오래전부터, 특히 꽃가루 알레르기 환자에서 과일, 채소, 견과류 등을 먹었을 때 알레르기 증세가 나타나는 구강 알레르기 증후군(Oral allergy syndrome OAS)에 대한 연구보고가 있어왔다.[5-8]

이러한 연구는 주로 ELISA(enzyme-linked immunosorbent assay)와 immunoblot(Western blot) 등 항원-항체결합반응 검사가 활용되었으며, 통계학적 분석을 통한 교차반응에 대한 연구보고는 찾아보기 힘들었다. 그동안의 연구보고에 의하면 자작나무 화분의 주 항원으로 작용하는 Bet v1(17kDa)과 Bet v2(14kDa)는 다른 꽃가루항원과의 교차반응과 구강 알레르기 증후군의 주요 원인이 되는 성분으로 알려져 있다.[7][10][13][14] 구강 알레르기 증후군에는 대표적인 것으로 birch-fruit-vegetable 증후군, mugwort-mustard 증후군, celery-mugwort-spice 증후군, ragweed-melon-banana 증후군, cypress-peach 증후군 등이 있다.[13][14]

이러한 식물의 교차반응에 관여하는 항원 성분으로는 PR-10 proteins, Profilins, Lipid transfer proteins(LPT), cross-reactive carbohydrate determinants(CCD) 등이 있는데, 이러한 성분들은 대부분의 식물에 보편적으로 존재하여 panallergen으로 작용하여 꽃가루와 과일, 채소류와의 교차반응을 유발한다.[7][13][14] 그중 PR-10 proteins은 자작나무 항원의 Bet v 1 homologue로 식물에서 세균이나 바이러스, 곰팡이 등의 침입을 비롯한 여러 외적 환경에 대항하여 방어기능의 역할을 하는 물질로 알려져 있으며,[7][14] 대부분의 자작나무과(Betulaceae)와 참나무과(Fagaceae)의 나무에서 교차반응을 일으키는 항원으로 작용하며, 사과(Mal d 1), 배(Pyr c 1), 살구(Pru ar 1), 자두(Pru c 1), 복숭아(Pru p 1), 당근(Dau c 1), 체리(Pru av 1), 헤이즐넛(Cor a 1), 셀러리(Api g 1) 등과 구강 알레르기 증후군을 일으키는 항원단백성분으로 작용한다.[14]

Profilin은 Bet v 2 homologue로 액틴-결합 단백질로 세포골격을 유지하는 데 관여하는 성분으로 자작나무 Bet v 2, 쑥 Art v 4, 셀러리의 Api g 4 등이 여기에 속한다.[7][13][14]

꽃가루 알레르기 교차반응에 대한 국내 연구에서 Jeong[12] 등은 우리나라 산림의 40% 이상을 차지하는 참나무와 남한지역에 드물게 있는 자작나무와의 교차반응검사에서 ELISA와 immunoblot 검사법으로 전체 대상 인원 12명의 참나무 알레르기 양성 혈청이 자작나무 항원과 모두 반응하는 것과, 참나무 수종의 하나인 상수리나무 항원에서 17kDa(Que a 1)와 23kDa에 단백성분의 밴드가 강하게 형성되는 것을 확인하였으며, 자작나무 특이 항체(IgE)가 상수리나무 항원에 의하여 78.5%까지 억제되는 것을 확인하여 우리나라에 드물게 분포하는 자작나무에 대한 양성반응은 상수리나무와의 교차반응으로 추정하였다.[12]

또한 Yoon[15] 등은 자작나무, 오리나무 꽃가루항원에 대한 혈청 특이 IgE 값이 10kU/L를 초과하는 환자를 대상으로 immunoblot 실험을 통하여 작작나무에서 17kDa(Bet v1), 14kDa(Bet v2)가 주요 결합항원으로, 오리나무에서는 17kDa가 주요 결합항원으로 작용하는 것을 확인하였고, 그중 17kDa에 오리나무 알레르기 환자의 90.3%, 자작나무 알레르기 환자의 72.7%의 환자가 반응한다고 하였으며 ELISA 억제시험 결과 자작나무 항원과, 오리나무 항원이 서로 강하게 억제되는 것을 확인하였다.[15]

가을철 주요 잡초화분인 쑥과 돼지풀의 교차반응에 대하여 Yoon 등[16]은 immunoblot 실험으로 단백성분 분석을 통하여 쑥 항원은 분자량 26-30kDa와 20-24kDa에서 결합밴드가 강하게 나타났고 돼지풀 항원은 38kDa, 11kDa, 27kDa, 80kDa 부위에서 50% 이상의 결합밴드가 나타났으며, ELISA와 immunoblot 억제실험에서 교차반응이 없다고 결론지었다.[16] 반면 다른 연구보고에서 Kim 등[17]은 국화과의 민들레 화분에 대한 교차반응검사에서 민들레 항원에 특이 IgE 양성인 환자의 혈청을 쑥, 돼지풀, 명아주, 환삼덩굴 등 4종의 항원과의 억제실험에서 다양한 억제반응이 나타났음을 확인하여 잡초류에 있어서의 교차반응이 있음을 확인하였다. 또한 Yun 등[18]은 ELISA 억제시험을 통하여 참나무와 호밀풀, 참나무와 쑥, 쑥과 호밀풀, 쑥과 환삼덩굴 사이에서 50% 이상의 교체반응이 일어났다고 보고하였으나 immunoblot 억제반응에서는 이러한 결과가 확인되지는 않았다.

이렇게 국내에서도 20여년 전부터 특정 항원에 국한되기는 하지만 꽃가루 상호 간의 교차반응에 대한 연구가 이어져오고 있고, 이러한 교차반응을 확인하는 노력이 계속되긴 하지만 일반적으로 임상에서 시행하는 알레르기 검사의 모든 항목에 대하여 교차반응의 연관성을 알아보는 방법으로는 실험의 제한적인 특성상 한계가 있고 실제로 이러한 교차반응이 알레르기 환자에서 얼마나 연관되어 나타나는지 확인하는 전반적인 규명은 아직까지 어려운 문제로 남아 있어 보인다.

그러한 측면에 비추어볼 때 교차반응에 대한 통계학적 연구는 임상적으로 환자를 진료하면서 나타난 수년간의 알레르기 피부반응검사 결과를 시행한 모든 항목에 대하여 통계학적으로 분석하여 알레르겐 상호 간의 연관성을 연구하였다는 데 의미가 있다 하겠다.

그리하여 이번 통계학적 분석 결과 수목화분에서는 자작나무과의 자작나무, 오리나무, 개암나무와 참나무과의 참나무, 너도밤나무와 같이 식물의 계통분류에서 근접한 식물에서 상관관계가 매우 높게 나타나는 것이 확인되었으나 특이적으로 돼지풀 화분은 잡초화분보다 수목화분에 더 높은 통계적 상관관계를 보였다.

수목화분에 비하여 국화과에 속하는 돼지풀과 쑥, 민들레 등 잡초들에서 상관관계는 이번 통계분석에서 유의미하나 비교적 약한 것으로 나타났으나 이러한 잡초들의 교차반응에 대한 연구 결과는 국내의 항원-항체 교차실험에서는 일치된 의견이 없어 보인다.[16][17]

또한 혼합항원으로 잡초혼합(Weed mix), 나무혼합(Tree mix 1, 2)의 감작률은 항원 각각의 감작률 합이 아닌 대표성을 보이는 항원의 감작률을 약간 상회하는 수준이었는 데 비하여 곰팡이혼합(Moulds 1, 2) 항원의 감작률은 각각의 곰팡이 항원 감작률보다 비교적 높게 나타나 꽃가루 혼합항원의 감작률과 차이를 보였다.

곰팡이류는 상관관계에 있어서도 전체적으로 꽃가루항원에 비하여 낮게 나타났으며 이는 곰팡이류들이 지닌 항원단백성분의 다양성과 곰팡이 항원의 계통분류가 잡초나 수목화분보다 훨씬 높은 상위분류에서 나누어진 먼 관계에 기인하는 것으로 추측된다.[19]

그러나 구강 알레르기 증후군에서 수목화분과 과일, 채소, 견과류 사이에서 교차반응이 확인되었듯이,[7][13][14] 식물 계통분류에서 멀리 떨어져 있어도 항원들 간의 교차반응은 얼마든지 일어날 수 있으며 아직까지 식물의 분류에 따라 교차반응을 단정하기는 이르다고 할 수 있겠다. 다만 통계분석 결과 식물의 계통분류에서 가까이 있는 식물에서 상관관계가 더 높게 나오고, 이러한 결과는 항원-항체결합 반응으로도 확인되었으며, 이는 식물의 분류가 외형적 유사성에 기초한 표현적 분류체계(phenetic classification system)의 구분을 넘어 유전적, 진화 과정을 포함한 계통분류(phylogenetic classification)로 분류되는 것과 관련이 있어 보인다.[21],[22]

식물분류체계에 의해 추론된 교차반응성은 2가지 전제를 두고 있는데, 첫 번째는 더 밀접하게 관련된 식물이 더 큰 공유항원이 있다는 것이고, 두 번째는 식물 분류가 실제로 식물 계통 발생을 반영한다는 것이다. 즉 같은 속(Genus)의 식물은 같은 조상에서 진화되었고 같은 과(Family)의 식물은 더 먼 조상에서 진화되었다는 것이다.[20][21]

호흡기 알레르기 유발 식물의 분포가 각 나라마다 혹은 지역마다 매우 다양한 상황에서 알레르기 교차반응에 대하여도 항원-항체 결합 실험뿐만 아니라 통계학적 분석을 포함한 다양한 방법으로 좀 더 광범위하고 체계적으로 연구된다면 주변 환경에서 꽃가루 알레르기 식물군을 추정하고 원인을 규명하는 데 많은 도움을 줄 것으로 판단된다.

참고문헌

1) Park CS, Kim BY, Kim SW, Lee JH, Koo SK, Kim KS et al. The Relationship between the Causative Allergens of Allergic Diseases and Environments in Korea Over a 8-Year-Period: Based on Skin Prick Test from 2006 to 2015. J Rhinol 2018;25(2):91-98

2) Lee SJ, Kim JM, Kim HB. Recent changing pattern of aeroallergen sensitization in children with allergic diseases: A single center study. Allergy Asthma Respir Dis. 2019 Oct;7(4):186-191. Korean

3) Lee JW, Choi GS, Kim JE, Jin HJ, Kim JH, Ye YM et al. Changes in Sensitization Rates to Pollen Allergens in Allergic Patients in the Southern Part of Gyeonggi Province Over the Last 10 Years. Korean J Asthma Allergy Clin Immunol. 2011 Mar;31(1):33-40.

4) Hong CS. Pollen allergy plants in Korea. Allergy Asthma Respir Dis. 2015 Jul;3(4):239-254.

5) ANDERSON, L.B., E.M. DREYFUSS, J. LOGAN, et al. 1970. Melon and banana sensitivity coincident with ragweed pollinosis. J. Allergy Clin. Immunol. 45:310–319.

6) ERIKSSON, N.E., H. FORMGREN & E. SVENONIUS. 1982. Food hypersensivity in patients with pollen allergy. Allergy 37: 437–443

7) Stefan Vieths, Stephan Scheurer, Barbara Ballmer-Web. Current Understanding of Cross-Reactivity of Food Allergens and Pollen. Article· Literature Review in Annals of the New York Academy of Sciences 964(1):47-68(2002)

8) GALL, H., K.-J. KALVERAM, G. FORCK & W. STERRY. 1994. Kiwi fruit allergy: a new birch pollen associated food allergy. J. Allergy Clin. Immunol. 94: 70–76.

9) Oh W. The impact of climate change on pollen allergy in Korea. Allergy Asthma Respir Dis 6 Suppl 1:S31-39, September 2018

10) Mari A, Wallner M, Ferreira F. Fagales pollen sensitization in a birch-free area: a respiratory cohort survey using Fagales pollen extracts and birch recombinant allergens (rBet v 1, rBet v 2, rBet v 4). Clin Exp Allergy. 2003;33:1419–1428.

11) Korea National Arboretum. A Field Guide to Tree & Shrubs. 9th ed. ;2016 p.106-112. 국립수목원. 식별이 쉬운 나무도감 9판 2016. p.106-112

12) Jeong KY, Son MN, Park JH, Park KH, Park HJ, Lee JH et al. Cross-Reactivity between Oak and Birch Pollens in Korean Tree Pollinosis. J Korean Med Sci. 2016 Aug; 31(8): 1202–1207.

13) Choi JH. Oral allergy syndrome. Allergy Asthma Respir Dis. 2018 Mar;6(2):85-89.

14) Florin-Dan Popescu. Cross-reactivity between aeroallergens and food allergens. World J Methodol 2015 June 26; 5(2): 31-50.

15) Yoon MG, Kim MA, Jin HJ, Shin YS, Park HS. Identification of immunoglobulin E binding components of two major tree pollens, birch and alder. Allergy Asthma Respir Dis 1(3):216-220, September 2013

16) Yoon MG, Kim MA, Jin HJ, Shin YS, Park HS. Identification of IgE binding components of two major weed pollens, ragweed and mugwort. Allergy Asthma Respir Dis 2(5):337-343, November 2014

17) Kim JH, Yoon MK, Kim MA, Shin YS, Ye YM, Park HS. Cross-allergenicity between dandelion and major weed pollens. Allergy Asthma Respir Dis 3(5):358-364, September 2015

18) Yun YY, Park JW, Hong CS, Ko SH. Cross-reactivity between pollens in patients sensitized to multiple pollens. Journal of Asthma. Allergy and Clinical Immunology 1999 19(4) p.584 ~593

19) Fukutomi Y, Taniguchi M. Sensitization to fungal allergens: Resolved and unresolved issues. Allergol Int. 2015 Oct;64(4):321-31.

20) Weber RW. Patterns of pollen cross-allergenicity. J Allergy Clin Immunol 2003;112:229-39.

21) Richard W. Weber, Guidelines for using pollen cross-reactivity in formulating allergen immunotherapy. July 2008Volume 122, Issue1, Pages 219–221

22) Michael G, Simpson. Plant Systematics 2nd ed.; 2011 p.287-290, p.3-52. 식물계통학 제2판 2011. p.106-112

한글 이름 찾아보기 : 가나다 순

참고문헌과 자료

단행본

한국 꽃가루 알레르기 도감/ 홍천수 2014년 디스커버리미디어
벼과 사초과 생태도감/ 조양훈, 김종환, 박수현 2016년 지오북
식별이 쉬운 나무도감/ 국립수목원 2009년 지오북
알아두면 유용한 잡초도감/ 2017년 국립농업과학원
식물형태학 제3판(새롭고 알기 쉬운 식물의 구조와 기능)/ 이규배 2016년
㈜라이프사이언스
식물계통학 제2판/ 김영동 신현철 역 2011년 ㈜월드사이언스

인터넷자료

국가생물다양성 정보공유체계 www.kbr.go.kr
 [1] 국립생물자원관, 국가생물종정보관리체계구축(2016)
 [2] 국립생물자원관, 한반도생물자원포털(2010)
구글 www.google.co.kr
위키백과 https://ko.wikipedia.org

나를 괴롭히는 꽃
꽃가루 알레르기 도감
POLLEN ALLERGY IN KOREA

1판 1쇄 인쇄 2021년 4월 12일
1판 1쇄 발행 2021년 4월 23일

지은이 서정혁
발행인 임채청

편집장 김형우
편집 김민경
디자인 임재경

펴낸곳 동아일보사
등록 1968.11.9.(1-75)
주소 서울시 서대문구 충정로 29(03737)
편집 02-361-0922, 1068
팩스 02-361-0979
인쇄 중앙문화인쇄

ISBN 979-11-87194-91-0
값 49,000원